超図解 写真・イラスト満載

トルク脈動レス永久発電機 電力システムを考える

松 本 修 身 著

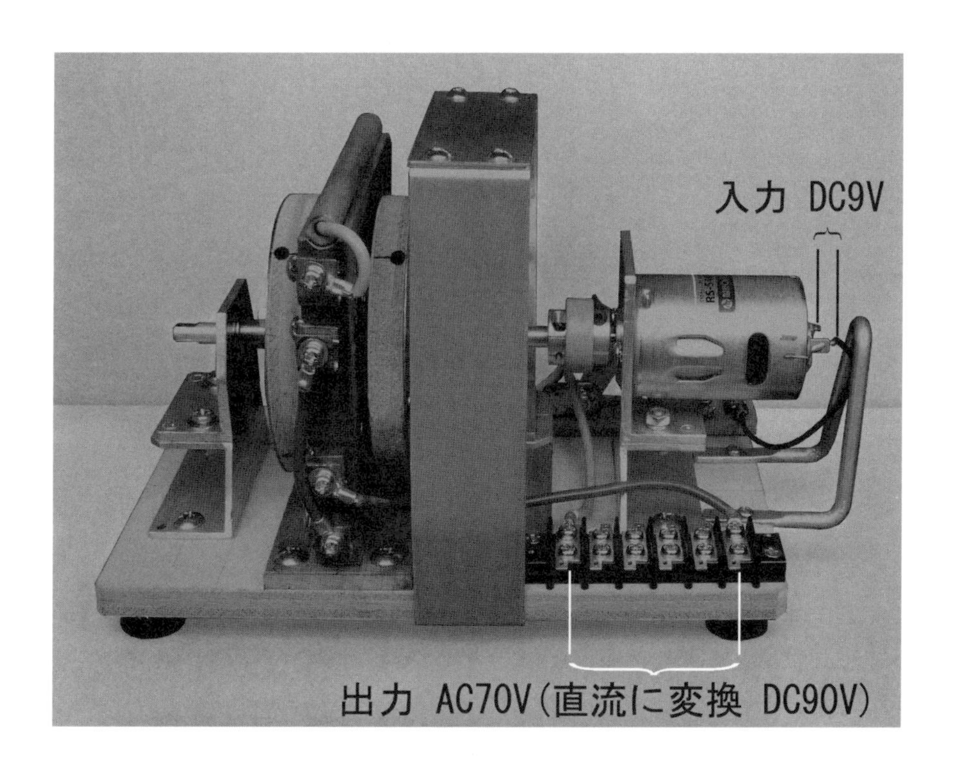

パワー社

はじめに

2008年のわずか1年で150億ドル(1兆2000億円)を稼いだ男、米国の投資家John Paulsonは住宅価格の高騰を見てサブプライム ローンの破綻を予測し、大手金融機関の逆張りをして史上最大のボロ儲けをしました。天下周知の相場格言「人の行く 裏に道あり 花の山」、これを「人行かぬ 裏道があり 花の山」と言いかえると分かり易いし、John Paulson はそれを断行しました。それとは反対に、米大手証券のリーマン ブラザースが破綻し、世界一だったゼルラル モーターズが倒産したのは、サブプライム ローンの破綻に巻き込まれた負け組だったのです。

この本の「**トルク脈動レス発電機**」は、「発電機は、鉄芯にコイルを巻くモータと同じ」とのやり方に囚われず、エナメル線を巻いただけの「起電コイル」の側近を強力な永久磁石を高速で回転通過させると、「起電コイル」に鉄芯が無いために磁石と鉄芯の吸引がなく無抵抗で回転し、高電圧の交流電力が発生する事実に基づいて、従来のやり方とは逆のやり方でそのテスト機を製作して成功に漕ぎつけたドキュメンタリの実験記録です。

インターネットのサイト(www3:kct.ne.jp)に紹介されていた風力発電に使用する発電機、「コアレス発電機の製作」と題する記事は、昭和20年代前半に実用されていた「**自転車用リム発電機**」と同類の発電機ですし、それらは「**フレミングの右手の法**則」を忠実に活かした発電機なのです。

しかし、それらには強力な永久磁石(ネオジム-鉄-硼素磁石)を「超高速回転」させる技術思想、発生した複数の「起電コイル」からの交流電力を小分けして取り出し、その一部を直流に変換してバッテリに蓄電して「発電機を稼働させるＤＣモータ」に回生利用する技術思想がありませんでした。

その技術思想の根拠として、「トルク脈動レス発電機」を風車で回す前に、小形ＤＣモータで回転させる発電機模型を拵えてテストすれば、「風任せ・風頼り」の風力発電よりも安定した性能を確認できるとの判断でテスト機を製作しました。

「案ずるより生むが易し」、模型や自動車のパワーウインドウやパワーミラーなどに使用されているマブチの小形ＤＣモータは、無負荷時に最大 15,800rpm、適正負荷時に8,000～14,400rpmの超高速回転ですから風車の低速回転(850rpm)の比ではなく、予期しなかったテスト機の高出力性能を体感することになりました。

小形ＤＣモータにDC9Vを供給し、「起電コイル」1個当たりAC17V、4個を直列につないでAC70V、それを直流に変換すると供給電圧の10倍のDC90Vを発電するのです。

「起電コイル」4個の内の1個を小分けして、直流に変換してバッテリに充電し、それを駆動ＤＣモータに回生利用すれば、永久に発電し続ける「**永久発電機**」になります。

「トルク脈動レス発電機」自体は既に知られていますが、ネオジム-鉄-硼素磁石を超高速で回転させると共に発生電力を一旦バッテリに充電して再給電して利用する「**トルク脈動レス発電機による永久発電・電力システム**」は世界で初めての技術思想です。

それを現在の電気自動車に応用するのは容易いと考えています。

ところで、現在の自動車やオートバイの電力システムは、化石燃料のガソリンあるいは軽油を使用する内燃機関(エンジン)のパワーで走行し、その内燃機関の動力の一部で発電機を回して交流電力を発電し､それを直流電力に変換して前照灯を点灯させ、あるいはエアコン、ワイパのＤＣモータを駆動させています。しかし、内燃機関を駆動させる化石燃料が消費されてしまうとエンジン ストップとなり､電力システムも機能停止になります。

消費されても常に燃料タンク満タンの魔法の「**ガソリンあるいは軽油**」があったとすれば、自動車もオートバイも永久に走行し、電力システムも永久に機能するのですがそれは不可能です。つまり、充電しながら電力を消費する「**フローティング充電方式**」を部分的に実用に供しても、「**ガス欠**」になると永久機関の一歩手前で自動車やオートバイの「電力**システム**」が成立しないのです。

消費されても減らない魔法の「**ガソリンあるいは軽油**」は存在しませんから、永久機関は不可能とされてきました。しかし、「**トルク脈動レス発電機による永久発電・電力システム**」を実用化することで、商業電力の給電レス電気自動車、気動車に代わる架線レス電車､陸の車両の延長線上に位置する原子炉レス航空母艦あるいはディーゼル エンジンレスの潜水艦、はたまた火力・原子力による発電に代えて送電線を必要としない地域社会毎の「共同自家発電・電力システム」あるいは「戸別自家発電・電力システム」などが現実になります。

これは、世界の社会システムを一変させる史上初の巨大「産業革命」の最も大規模な実施になります。

「トルク脈動レス発電機による永久発電・電力システム」を世界的規模で実施するには、現在の電力・ガス企業各社、電機・機械製造企業各社、建設企業各社、鉄工・金属企業各社、輸送機器企業各社、精密機器製造各社などの他に金融機関やサービス業をも含めた全産業にとって未曾有の新たな需要が発生し、かつてない大産業革命になるに違いありません。

それに加えて、化石燃料の原油・天然ガス・シェールガスなどを燃焼させないために排気ガス・有害ガスを発生させない無公害発電になりますし、化石燃料を化学製品の製造に丸ごと転用でき、そのことで享受できる恩恵は計り知れません。

火力や原子力によらず、無公害の発電電力システムを広く普及させた暁には、1年で150億ドル(1兆2000億円)を稼いだ投資家 John Paulson が手にした金額の比ではない「巨万の富」の恩恵が全人類にもたらされるのです。

使用しても減らない自然界天与の「**永久磁石のエネルギ**」を使用したこの本の「**トルク脈動レス発電機**」の実験結果が「**永久発電・電力システム**」実用化の参考になれば幸いです。

2014年10月31日
著者

もくじ

第1章　既製品の自転車用発電機—発電機の実用見本—

身近な発電機を知ることで日本国全土に商業電力を供給している電力企業の発電機を知ることになります。多くに家庭にある自転車の発電機がその参考になります。

自転車用前照灯は、パナソニックの前身の松下電気器具製作所が昭和２年(1927)に乾電池ランプ(写真 1-1)を自転車の前輪ハンドルのＬ字形金具に差し込んで使用したのが先駆けで、その後同社から独立して開業した三洋電機製作所が昭和 22 年(1947)に前輪タイヤ側面にセレーションローラーを押し付けて発電機を回転させる発電ランプを創業商品として発売しました(写真 1-2)。三洋電機創業の一年前の昭和 21 年６月に三ツ葉電機製作所、同年 10 月には小倉製作所が製造を開始していました。

しかし、松下電気器具製作所製手提げ兼用の乾電池ランプが昭和 25 年頃まで普及していて、発電ランプは自転車の常備品ではなく注文で別途に取り付けていました。

写真 1-1 角型ナショナルランプの琺瑯製看板(昭和２年)

写真 1-2 昭和 22 年に発売された三洋電機の創業商品自転車用の発電機(NIKKEY TRENDY NET より)

三洋電機製作所の創業者井植歳男氏の次姉が松下幸之助氏夫人であり、義弟の姻戚関係で松下電気器具製作所を退職して三洋電機を立ち上げたはなむけにナショナルブランドの自転車用発電ランプの製造権を許諾され、それを創業商品として製造して社業を発展させてきました。

小型発電機を自作する場合、身近な教材として自転車用発電機を参考にするのがよいでしょう。本書では現行の標準的な小型の自転車用発電機を分解し、写真に撮り、また寸法を記入した設計図、それに分かり易いイラストを並記して紹介しました。

写真 1-3 ナショナル ブランドの三洋電機製発電ランプの琺瑯看板(NIKKEY TRENDY NET より)

1.1 前輪タイヤ駆動式発電機

発電機ローラー接触がタイヤ側面の前輪リム側近のためリム発電機とも呼ばれます(図 1-1)。

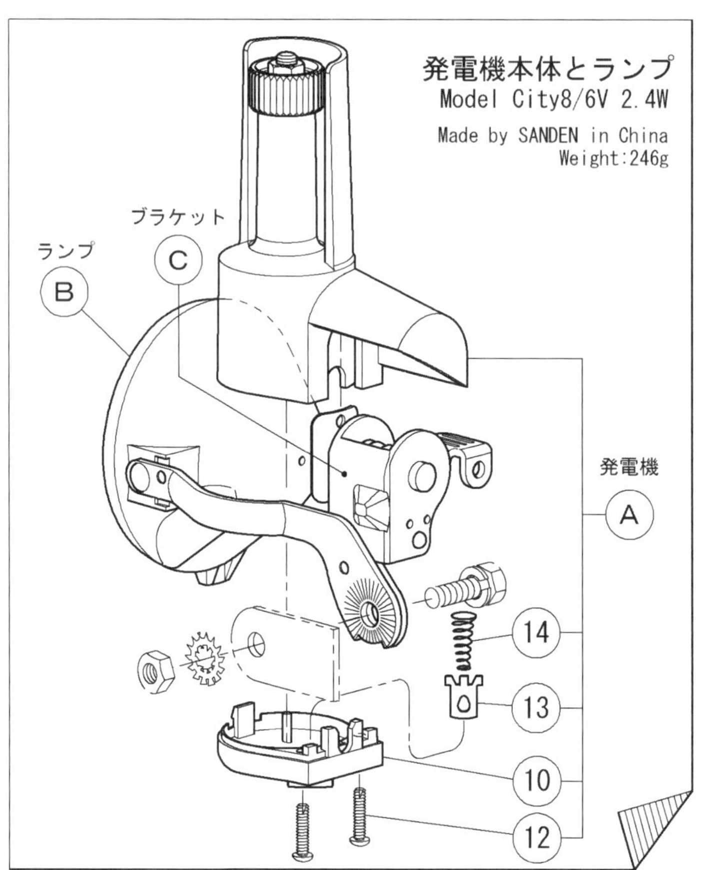

図 1-1 リム発電機本体およびランプ、取付ブラケット図(支那法人サンデン製)

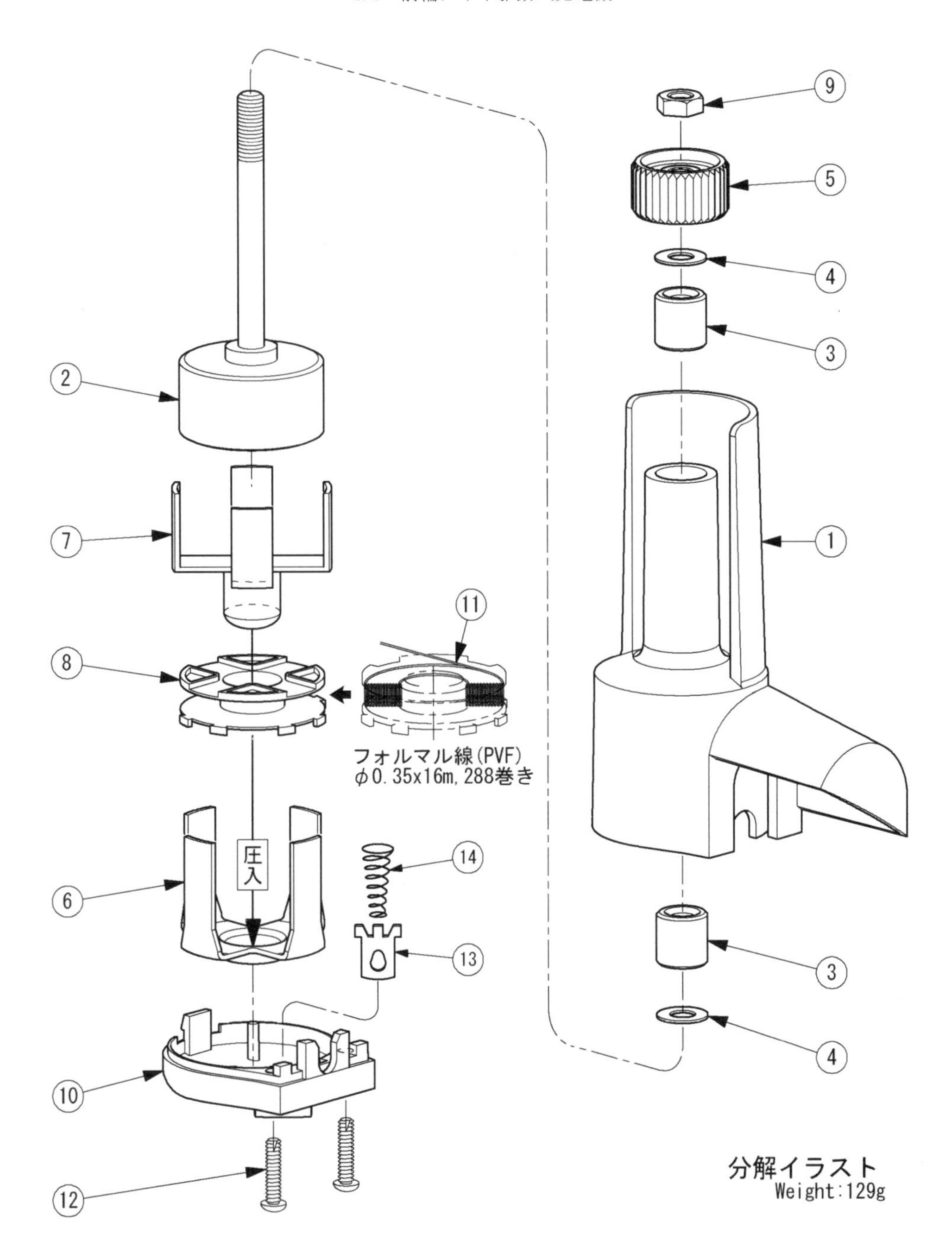

図 1-2 リム発電機(支那法人サンデン製)の分解図

2014 年現在のリム発電機は、メーカーの別なくほぼ同じような構造になっていますが昭和 20 年前半にはコイルがケーシング内周にあり、金属製のケーシングが大きくて重く、磁石鋼製の回転子の底部をもボールベアリングがあるものでした。

現在の商品は、塩ビ製のケーシング、フェライト磁石の回転子、無給油の含油軸受 ABS 樹脂製のケーシング カバーになり、小型軽量になっています(図 1-2)。

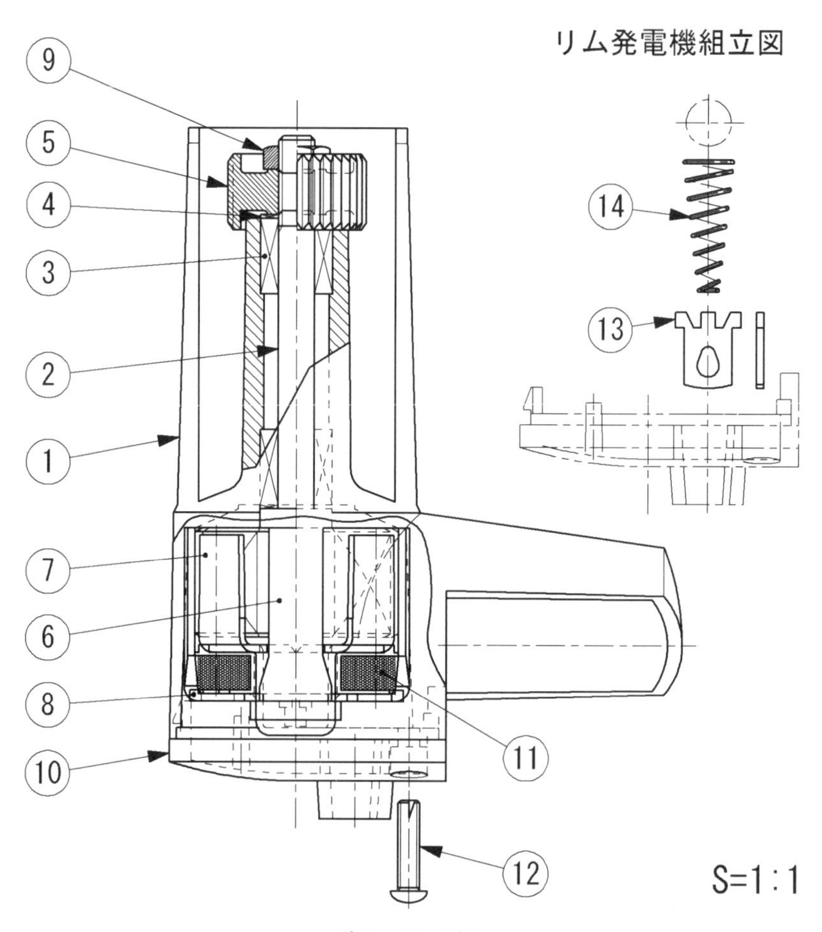

部　品　表

No.	品　　名	数量	材質　または　仕様	備　　考
1	ケーシング	1	塩化ヴィニル樹脂	
2	回転子	1	フェライト磁石、S45C(軸)	
3	オイレス軸受	2	市販品	含油多孔質材
4	スペーサー	2	SUS304	塗油
5	ローラー	1	S45C	Niメッキ
6	コイル　ホルダー(メイン)	1	軟鉄	Niメッキ
7	コイル　ホルダー(サブ)	1	軟鉄	Niメッキ
8	コイル　ボビン	1	ABS樹脂	
9	六角ナット M5	1	市販品	Niメッキ
10	ケーシング　カバー	1	ABS樹脂	
11	エナメル線	1	PVF(ﾌｫﾙﾏﾙ線※) φ0.35×16m	288回巻
12	スクリューM3×12	2	市販品	Niメッキ
13	端子	1	SUS304	
14	円錐形スプリング	1	SUS304	

※:ポリヴィニル揮発性・引火性溶液樹脂(Polyvinyleformal)を焼き付けた銅線。"formal"は、Methylal と同義語。

図 1-3　リム発電機(支那法人サンデン製)の組立図および部品表

本書の図面にもとづいて、既製品と同様な製品を製作する意図ではありませんが、主としてその構造、また材質・工作法などの参考とするために、組立図に添えて部品表を作成して載せました(図 1-3)。

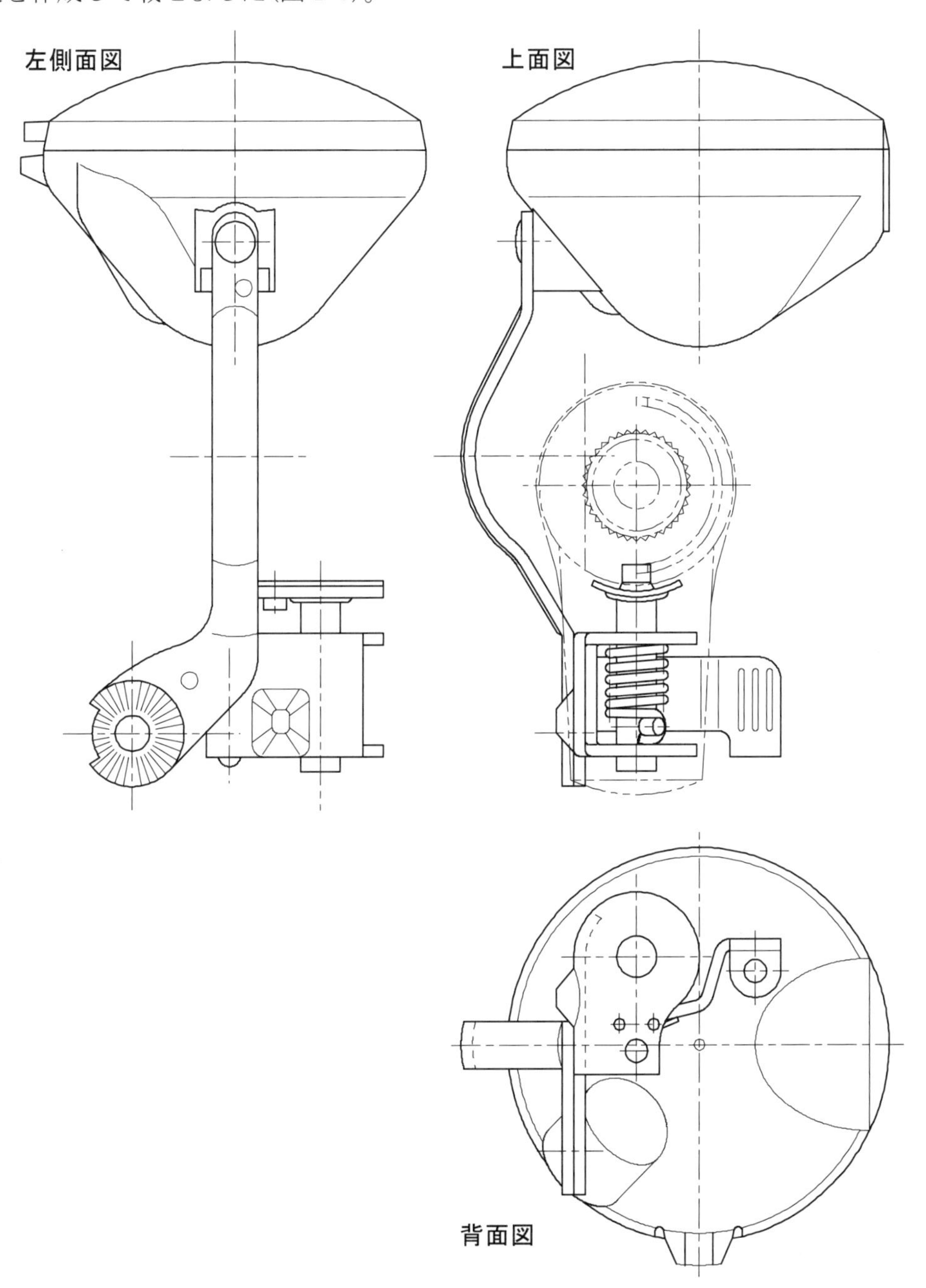

図 1-4 リム発電機ランプの外観図

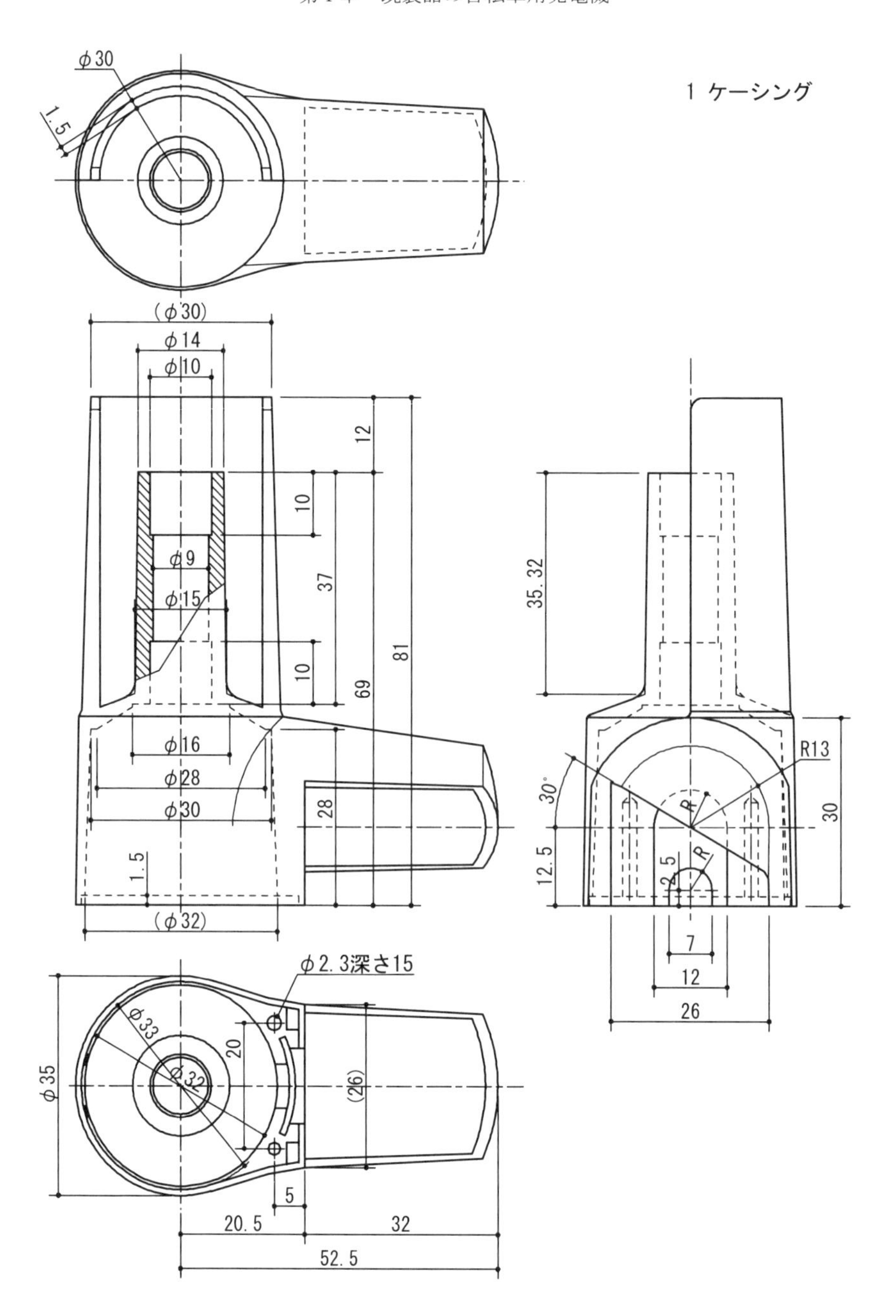

図 1-5 リム発電機ケーシングの図面

発電ランプの先駆けのひとつ、三洋電機製作所の創業当時の製品は、石油化学製品のプラスチックが普及していませんでしたので、ケーシングは絞り加工鉄製でしたが、現在では塩化ヴィニル樹脂やABS樹脂などのプラスチックを射出成型しています。

射出成型は一度金型を作ってしまえば、複雑な形状の製品を容易に多量製造でき、設計・外観デザインの自由度も増します。それに雨ざらしでも腐食しない耐候性は鉄材にNiメッキした金属製に優ります(図 1-5)。

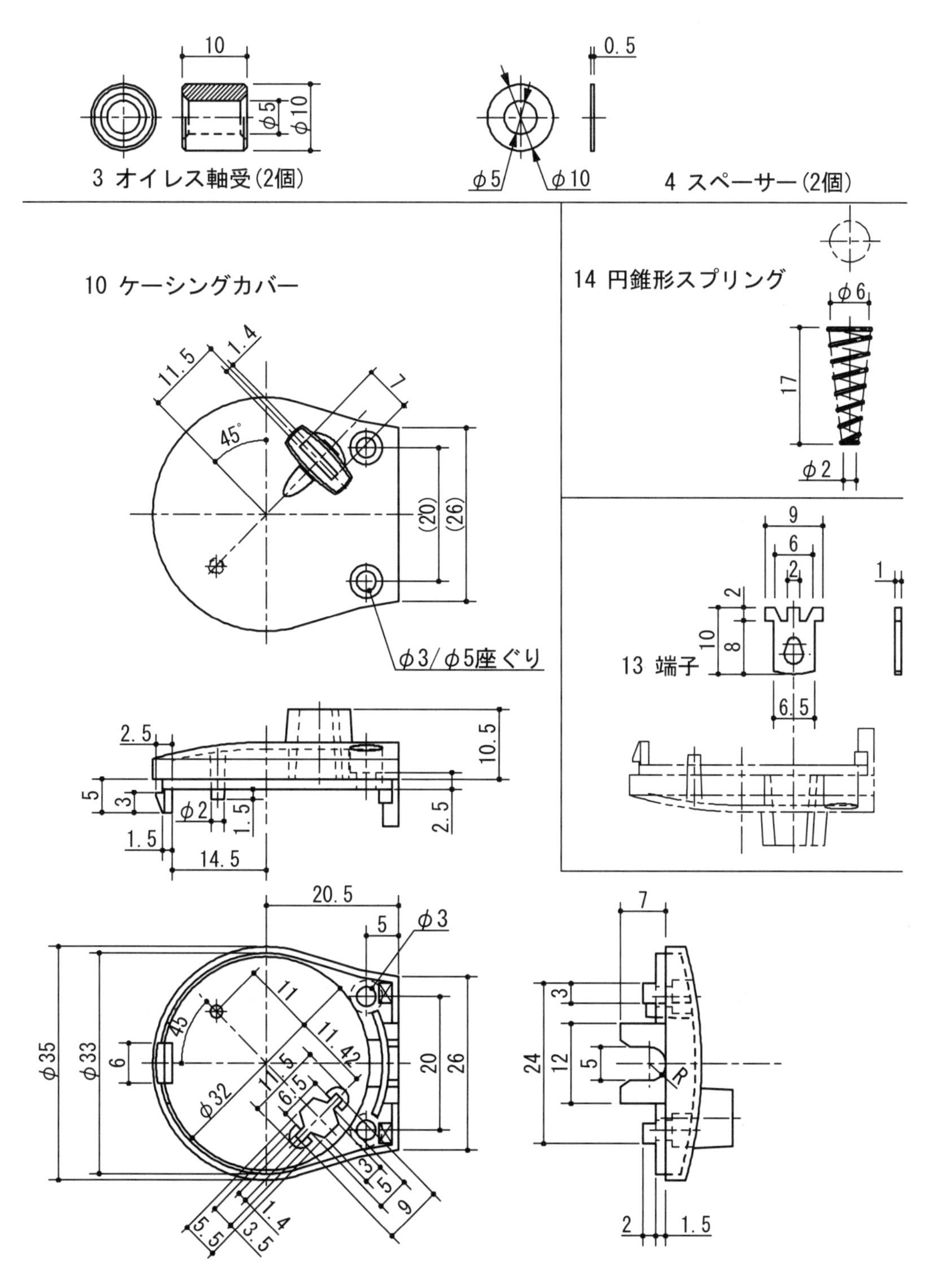

図 1-6 オイレス軸受、スペーサー、ケーシングカバー、端子、円錐形スプリングの図面

上図(図 1-6)のケーシング カバーのような形状の部品は、①シェルモールド精密鋳造法や②射出成型法で加工しますが、前者では鋳込み作業の都度に鋳型を作らなければならず、鋳型の除去などの工数が掛かり、金型に溶融したプラスチックを射出して成型方法に利があります。

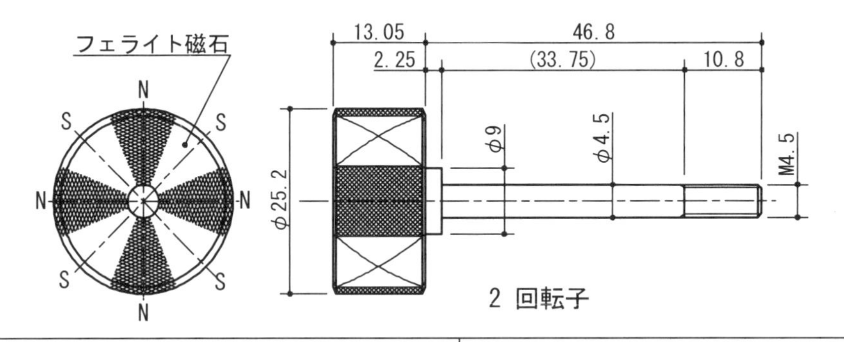

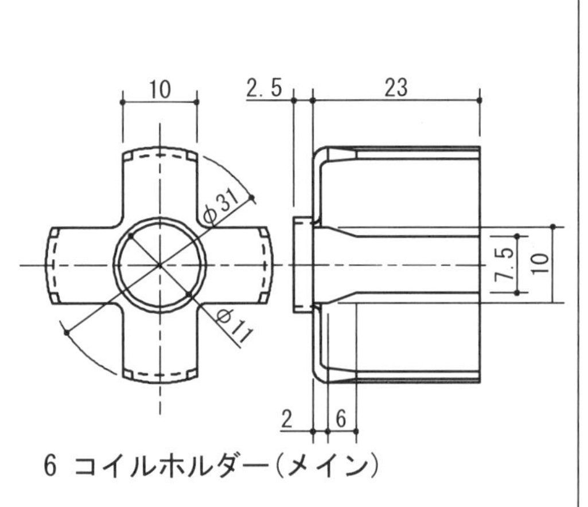

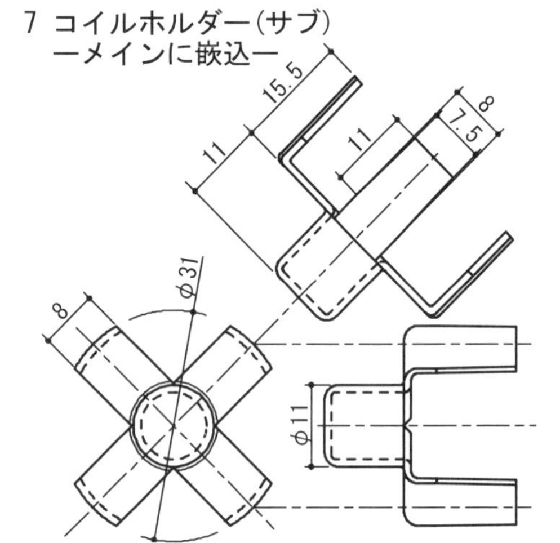

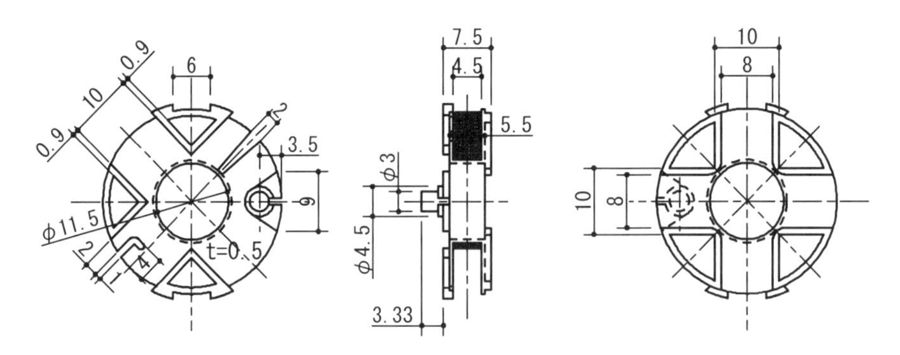

8 コイルボビン（φ0.35㎜エナメル線16m巻付、288巻）

図 1-7　回転子、コイルホルダー（メイン）、コイルホルダー（サブ）、コイルボビンの図面

軟鉄製の⑥コイルホルダー（メイン）と⑦コイルホルダー（サブ）の間に⑧コイルホビンを夾んだ構造（前出図 1-2 **図**、1-3 参照）になっていますが、電動機では、固定子と回転する電機子の磁力の反発力を利用して回転力を発生させるために固定子と電機子の双方に磁石あるいは軟鉄が不可欠ですが、発電機には軟鉄製のコイルホルダーは不必要です。しかし、蛇足なのにも拘わらず使用しているのは、電動機の発明以来「電動機＝発電機」の錯誤が定着してしまっているためです。

磁石の磁力線、つまりN極とS極間の磁束が、横たえた起電コイルの導線を横切るように移動すると、起電コイルが一秒間に横切った磁力線の数に比例した電圧が起電コイルに発生します。電圧の発生には起電コイルのみでよく、軟鉄板を必要としません。この発電現象はイギリスのヨハン アンブローズ フレミング(Johan Ambrose Fleming, 1849-1945)が発見した電流と磁場に関する法則です。発電時には「右手の法則」が適用されます(図1-8)。

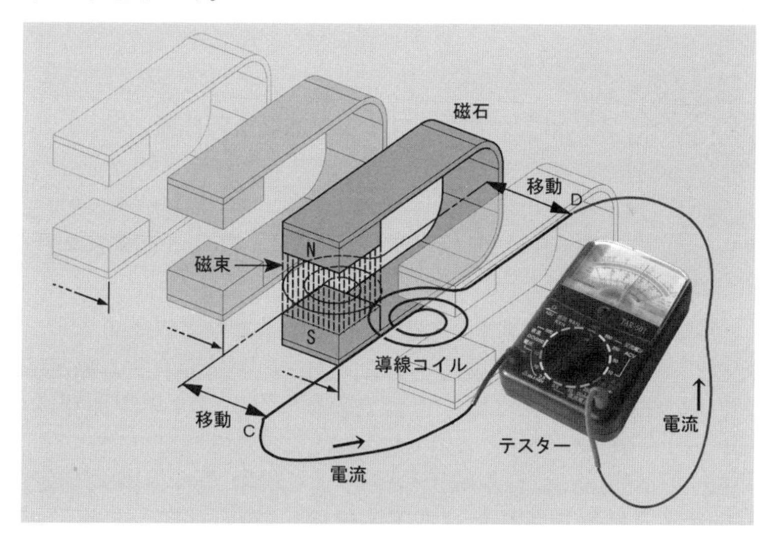

図1-8 フレミングの右手の法則

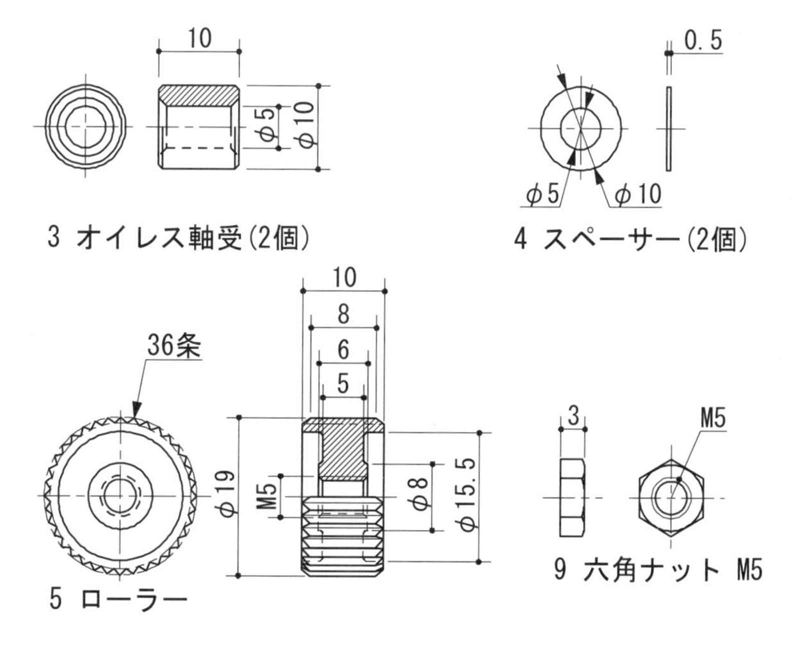

図1-9 オイレス軸受、スペーサー、ローラー、六角ナットの図面

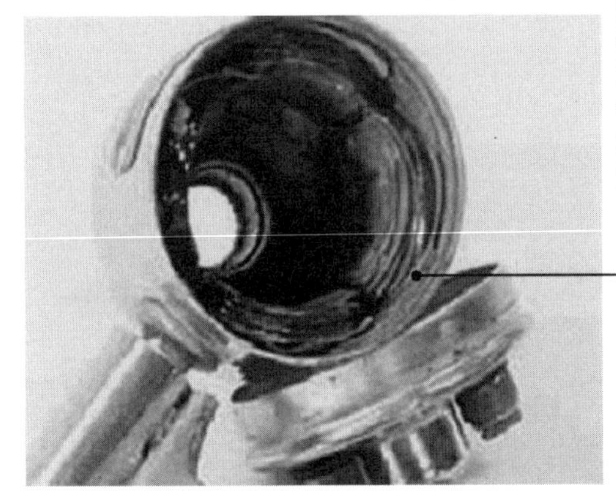

写真 1-4 昭和 20 年前半の発電機の構造(三洋電機製 6V-15W)

三洋電機製作所の看板製品として製造された昭和 20 年前半のリム発電機の構造は、「フレミングの右手の法則」を忠実に取り入れていました。2014 年現在製造されている製品(図 1-2、図 1-3)と構造が異なりますので比較してみてください。

自転車用発電機の国家規格は、日本輸出規格として昭和 23 年 3 月に制定されましたが、昭和 24 年 6 月 1 日に制定された日本工業規格(JIS)に準拠して昭和 25 年 9 月以降目まぐるしく変わりました。当時の性能や技術に未熟だったことが分かります。

制定年月	規格名	定格電圧および出力
昭和23年3月	日本輸出規格	4V1W, 6V2W, 7.5V3W 時速15kmのときの端子電圧で表し、速度の変化による数値の許容差は±10%
昭和25年9月	日本工業規格	6V3W, 8V4W, 10V5W, 12V6W, 16V8W, 20V10W 4V1W, 6V2Wは、国内、輸出用とも需要がないために削除。国内用は明るい高出力、輸出用は尾灯付きが要望されたため、8V4W, 10V5W, 12V6W, 16V8W, 20V10Wが追加され、昭和23年制定の7.5V3Wは輸出の実態に合わせて6V3Wとした。 時速15kmのときの端子電流を0.5Aとし、許容差は±5%
昭和28年8月	日本工業規格	6V3W, 6V4W, 6V5W, 6V6W, 6V8W, 6V10W, 8V4W, 10V5W, 12V6W, 16V8W, 20V10Wの11種類。 時速15kmのときの端子電圧を6Vとする定電圧制とし、その他の電圧は暫定的に存続。
昭和30年1月	日本工業規格	6V3W, 6V4W, 6V5W, 6V6W, 6V8W, 6V10Wの６種類。 8V4W, 10V5W, 12V6W, 16V8W, 20V10Wが廃止された。

因みに、日本工業規格(JIS:Japanese Industrial Standards)は、工業標準化法に基づき第二次世界大戦が終結した昭和 20 年 8 月 15 日(1945)からおよそ 4 年後の昭和 24 年 6 月 1 日(1949)に制定されましたが、それ以前には日本技術規格(JES:Japanese Engineering Standards)がありました。

1.2 前輪のハブ組込式発電機(ハブ ダイナモ)

ハブ(hub)は自転車の車輪軸の円筒形中心部を言い、ハブ組込式発電機はその前輪ハブと一体になっている発電機です。ハブ ダイナモ(hub dynamo)とも言われます。

その歴史は意外に古くて、リム発電機と同じ1936年にイギリスのスターミー アンカー社によってDynohubの商標で製品化されましたが、1903年に設立された同社でしたが2000年に経営不振で台湾の企業に売却されました。日本では1990年代から徐々に普及し始め、最近では多くの自転車に搭載されています。日本国内の消費は年間200万台に成長しています。ドイツやオランダでは年間200万台を突破しています。主な仕様として6V/2.4Wおよび6V/3.0Wの2種類があります(図1-10)。

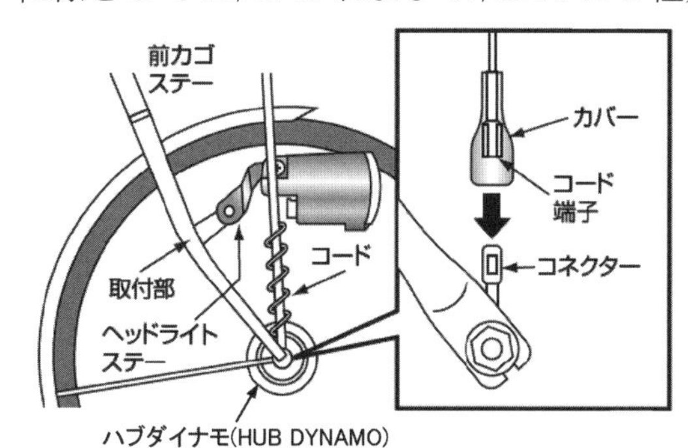

発電ランプの定格※

区分	定格電圧[V]	定格出力[W]
1灯用	6	2.4
	6	3.0
	6	6.0
2灯用	6	3.2, 3.2

出力特性※

負荷速度[km/h]	出力最大電圧に対する比率(%)	
	最小値	最大値
5	50	117
15	85	117
30	95	117

※:JIS C9502

図1-10 ハブ ダイナモの取付図および定格特性に関する日本工業規格

低速回転でも発電可能なハブダイナモ
DH-3N72(シマノ)

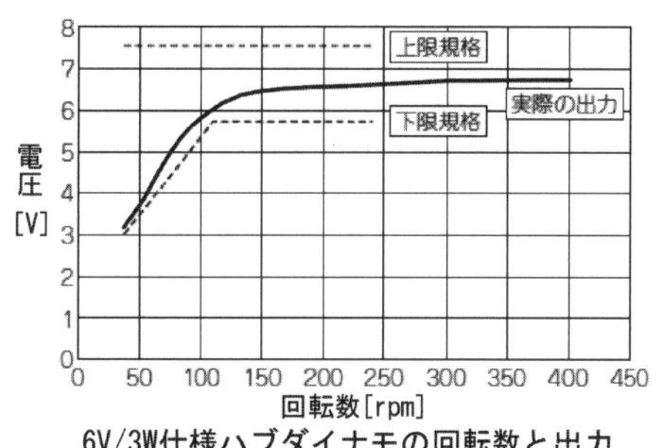

6V/3W仕様ハブダイナモの回転数と出力

写真1-5 ハブ組込式発電機(6V/3W)の外観と性能曲線図

ハブ組込式発電機の特徴は、

① 車輪一回転で発電機が一回転するダイレクト ドライブ方式(小径の折りたたみ自転車※1では取付スペースが狭く採用が困難)
② 騒音がない(リム発電機ではタイヤ側壁と発機ローラーの接触音がある)
③ 72～84%の高効率※2(リム ダイナモ方式では約35%)
④ ペダリングが軽い(リム ダイナモ方式の1/5)
⑤ 密封構造のために耐水性に優れている
⑤ 明暗センサー内蔵で周囲が暗くなると自動的に発電ONになる
⑥ 走行速度が変化しても一定の出力が得られ仕組みになっている(写真1-5)

※1ハブ ダイナモ、リム ダイナモ共に小径の折りたたみ自転車には装着が難しい。

※2 発電効率は、自転車が発電に消費した電力に占める発電電力の割合を言います。具体的には走行速度が速くなるほど発電効率は低くなります。発電効率を数式で表しますと、次のようになります。

発電効率[%]＝100×(発電電力÷消費電力)

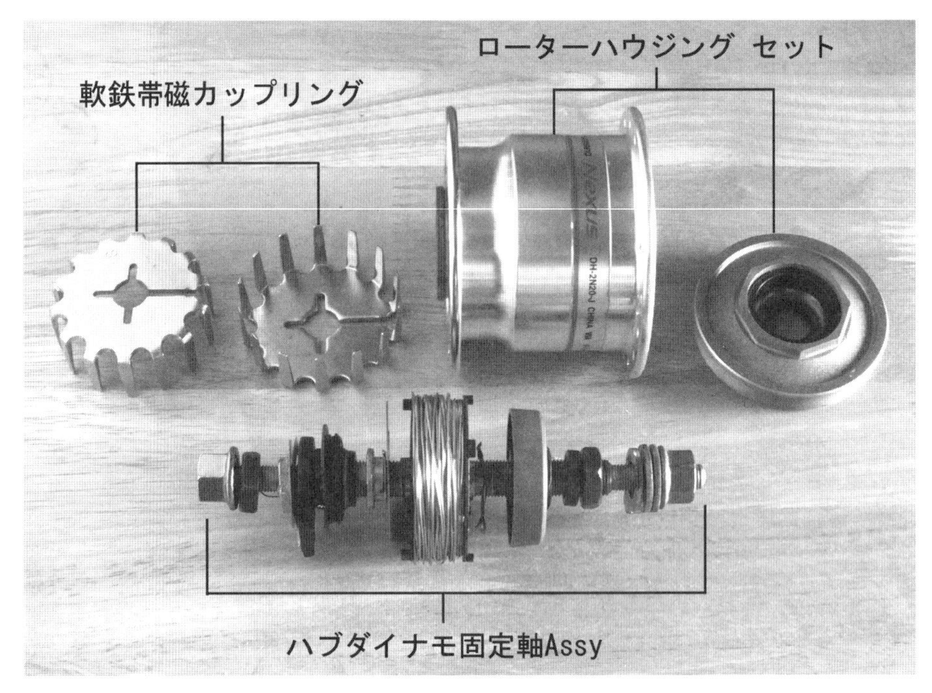

写真 1-6 SHIMANO *Nexus* 6V2.4W 軟鉄帯磁カップリング、ローターハウジング セット、固定軸 Assy

写真 1-7 SHIMANO *Nexus* 6V2.4W 固定軸 Assy の構成部品

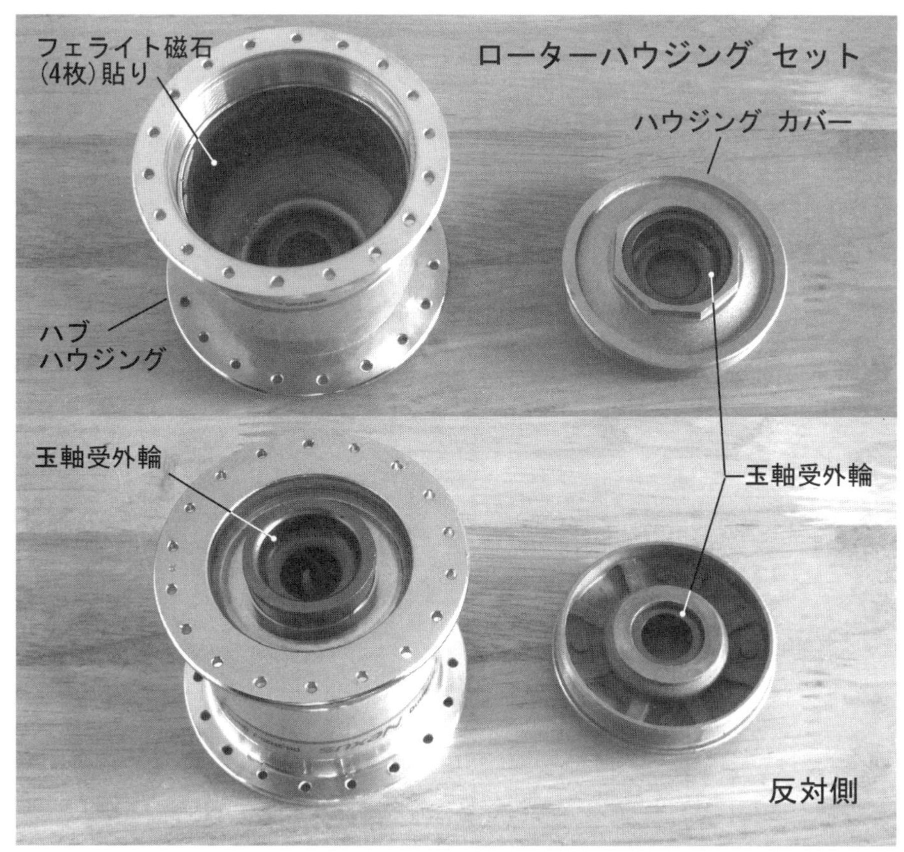

写真 1-8 SHIMANO *Nexus* 6V2.4W ローター ハウジング セットの構成部品

写真 1-9 SHIMANO *Nexus* 6V2.4W コイル セットおよび軟鉄帯磁カップリング

ハブ ダイナモにある軟鉄帯磁カップリングは、この方式による発電方法では必要ですが、前出のリム発電機(図 1-7)における⑥コイルホルダー(メイン)および⑦コイルホルダー(サブ)と同様に後述の「**トルク脈動レス発電機**」では不必要な部品です。昭和20年前半の発電機(写真 1-4)では「**トルク脈動レス発電機**」と同じ方式でした。

「フレミングの右手の法則」を正しく理解すれば、余分な部品の材料費、設計や加工工数を削減することができます。

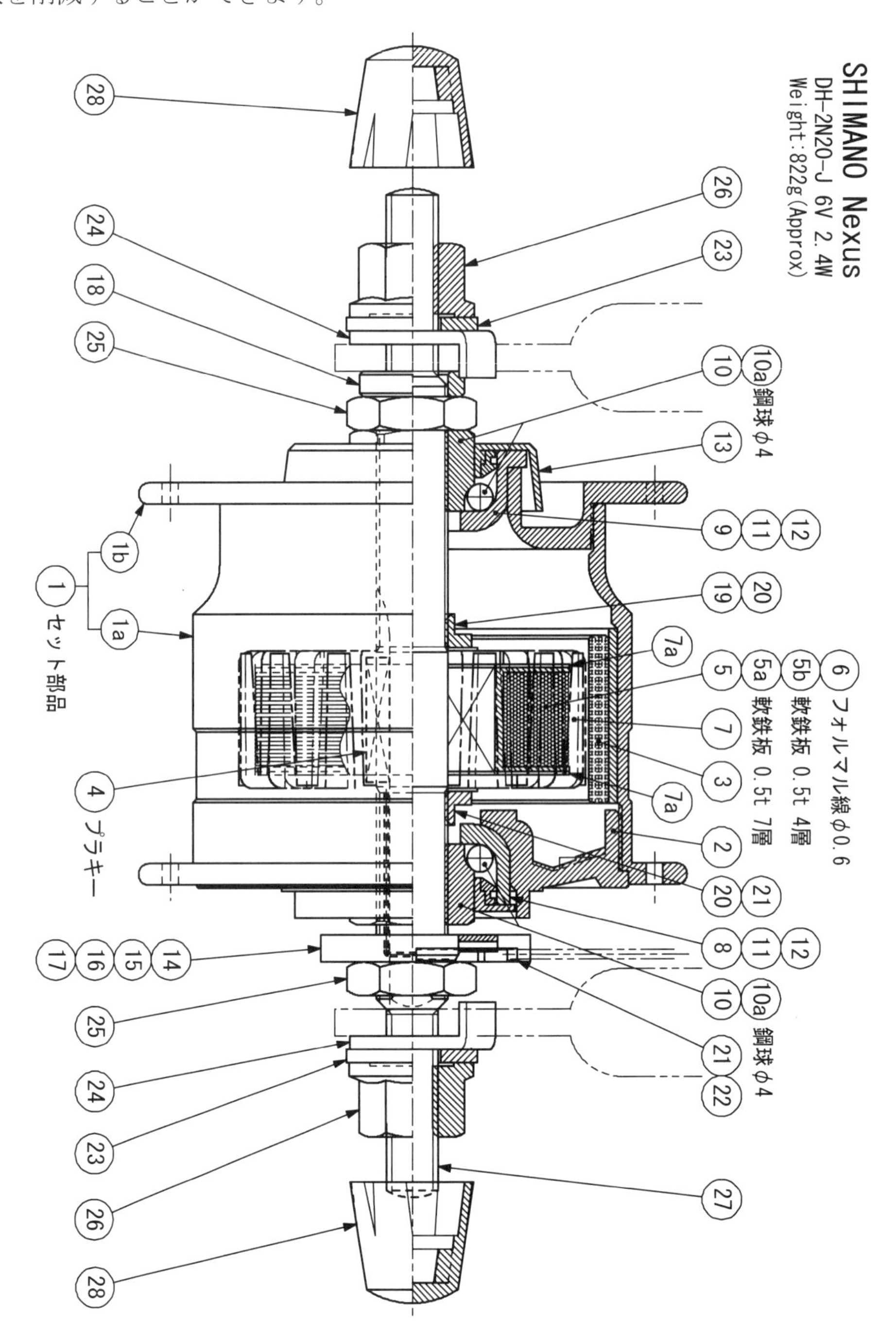

図 1-11 SHIMANO *Nexus* 6V2.4W の総組立図

総組立図(図 1-11)において、車体前輪フレームに固定する部品と車輪側の回転する部品を見分けるのは図面を精査しなければならず、容易ではありません。概略図として「２色」に色分けして載せました。赤色または濃色が回転部です(図 1-11a)。

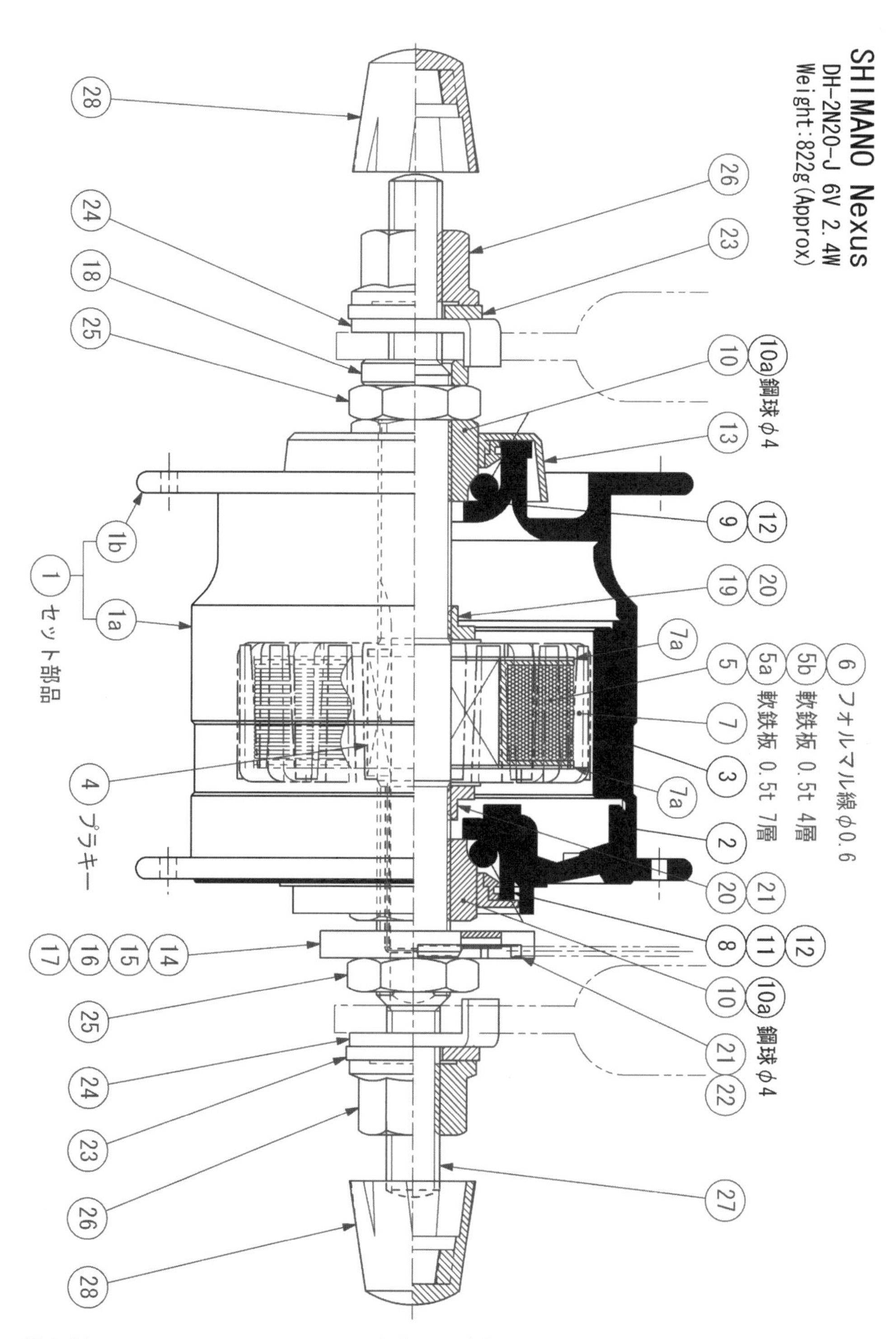

図 1-11a SHIMANO *Nexus* 6V24W の回転部と固定部の色分け図[赤色<または濃色>:回転部]

部 品 表

No.	品　　　名	数量	材質 または 仕様	備　　考
1	ハブ ケーシング セット	1組	塩化ヴィニル樹脂	
1a	ハブ ケーシング	1	アルミニウム鋳物	
1b	ケーシング鍔	1	アルミニウム鋳物	
2	ケーシングカバー	1	アルミニウム鋳物	
3	フェライト磁石	1組	フェライト磁石	磁化違い２組
4	プラスチック キー	1	ABS樹脂	
5	コイル ボビン	1	ABS樹脂	
5a	4積層軟鉄板(a)	4	SS400	Niメッキ
5b	7積層軟鉄板(b)	4	SS400	Niメッキ
6	コイル	1	PVF(フォルマル線※) φ0.6×37.5m	
7	櫛歯帯磁カップリング	2	SS400	Niメッキ
7a	接触板	1	真鍮	
8	玉軸受外輪(カバー側)	1	S45C	黒染
9	玉軸受外輪(ハウジング側)	1	S45C	黒染
10	玉軸受内輪(カバー側)	1	S45C	黒染
10a	鋼球	30	市販品	φ4
11	軸受防水円板	1	塩化ヴィニル樹脂	
12	軸受防水ゴム輪	2	ニトリルゴム	
13	軸受防水カバー	1	塩化ヴィニル樹脂	
14	端子カバー	1	ABS樹脂	
15	端子板	1	SUS304	
16	端子絶縁板	1	塩化ヴィニル樹脂	
17	端子座金	2	S45C	Niメッキ
18	スペーサー	1	S45C	黒染
19	押えナット	1	S45C	Niメッキ
20	電極プレート	1	真鍮	
21	リード	1	真鍮	
22	圧着端子	1	真鍮	
23	溝押し座金	2	S45C	Niメッキ
24	舌付き座金	2	S45C	Niメッキ
25	六角低ナット	2	S45C	M11
26	セレイト付きフランジナット	2	市販品	M8
27	車軸	1	S45C	Niメッキ
28	ナット キャップ	2	軟質塩化ヴィニル樹脂	

※:ポリヴィニル揮発性・引火性溶液樹脂(Polyvinyleformal)を焼き付けた銅線。"formal"は、Methylal と同義語。

資料として分解した" SHIMANO *Nexus* 6V2.4W " は、JIS に規定されている仕様に適合しているためか、ハブ ハウジングのスペースに余裕があり小型化できる余地が見えます。このモデル以降には改良されていると思われますが、構造の参考にするには充分でしょう。

どのような設計思想で商品化されているかを個々の部品の設計図として復元しましたので以下に載せます。寸法には「公差」が不可欠ですが、実際に製作をしませんのでここでは省略してあります。

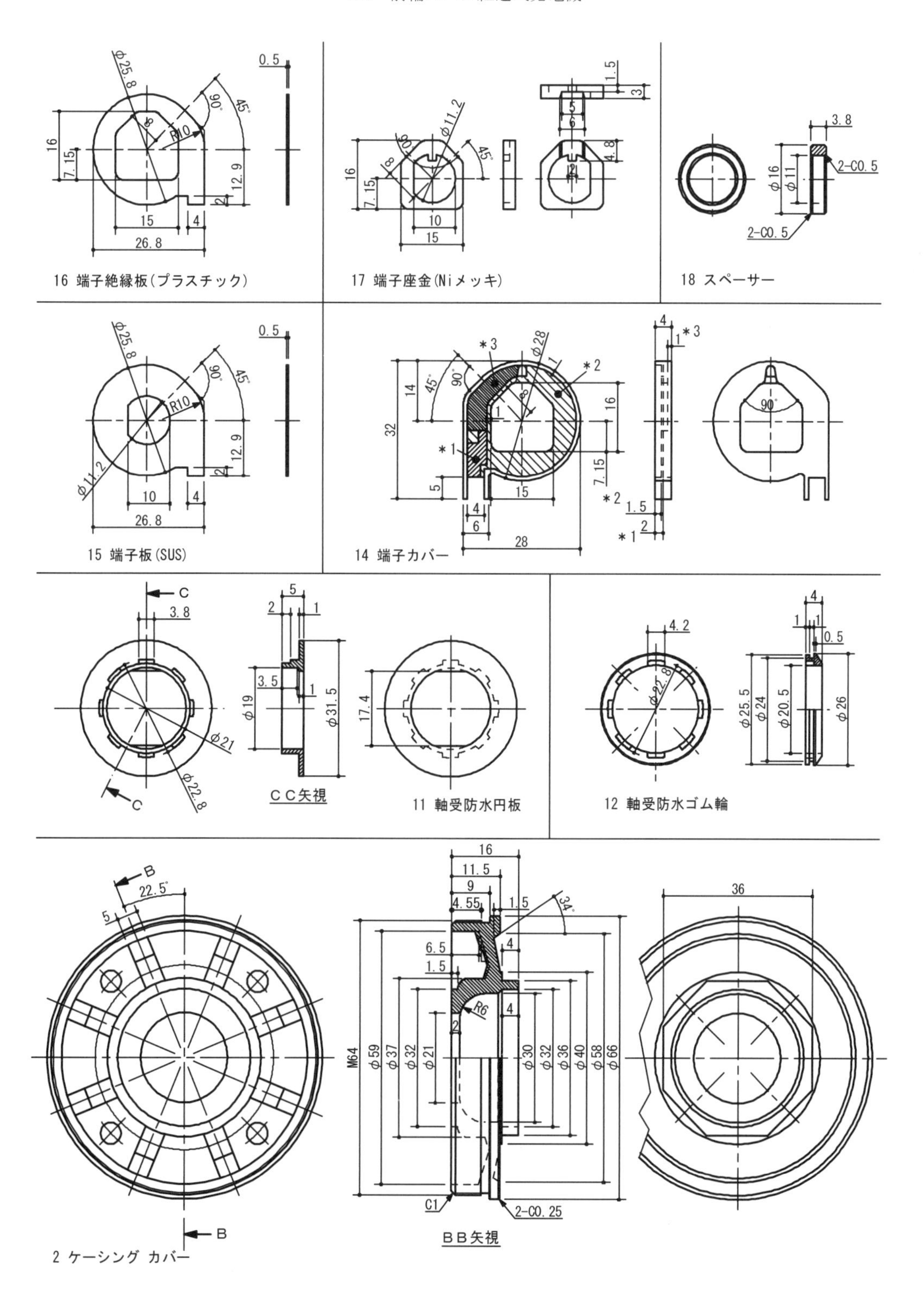

図 1-12 ケーシング カバー、配線取付部品

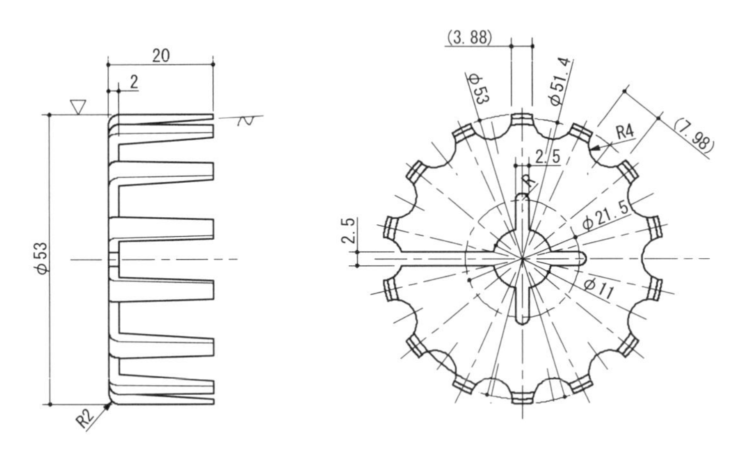

7 櫛歯帯磁カップリング(使用数2個)

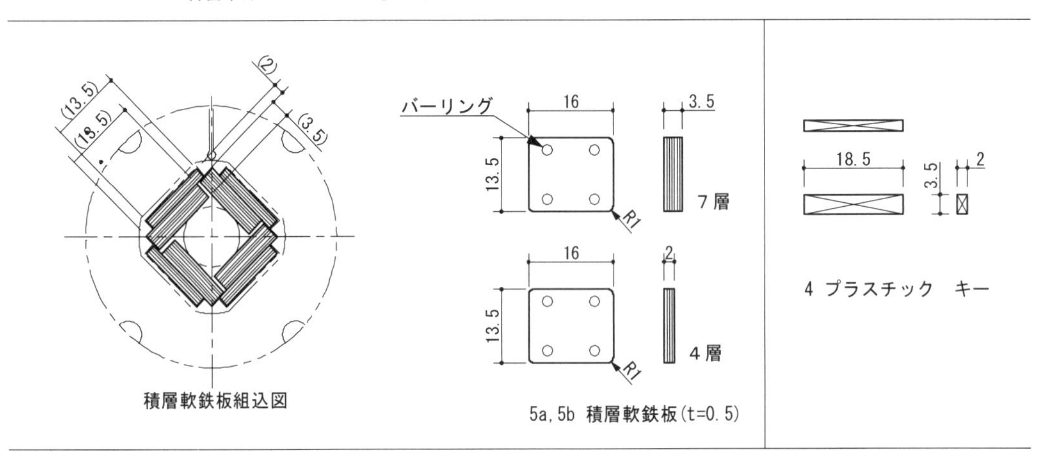

積層軟鉄板組込図

5a,5b 積層軟鉄板(t=0.5)

4 プラスチック　キー

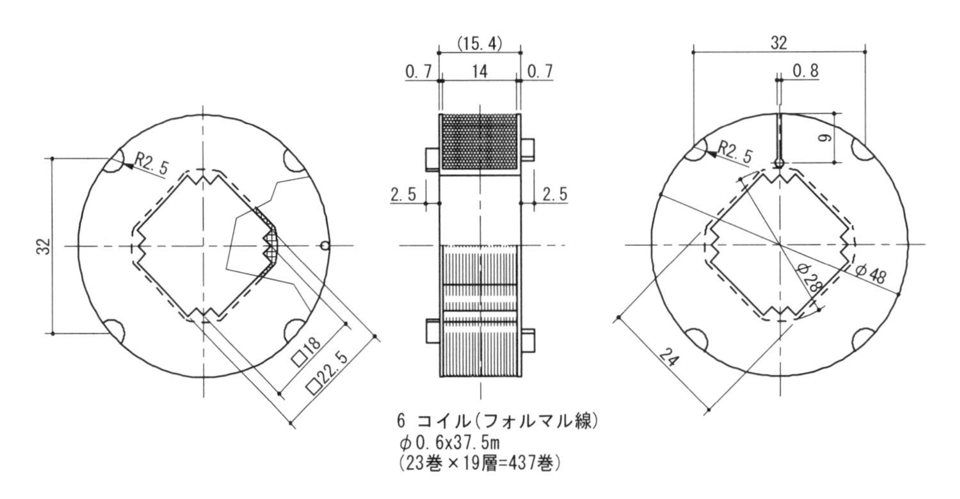

6 コイル(フォルマル線)
φ0.6x37.5m
(23巻×19層=437巻)

図 1-13 櫛歯帯磁カップリング、コイルボビン、積層軟鉄板、プラスチック キー

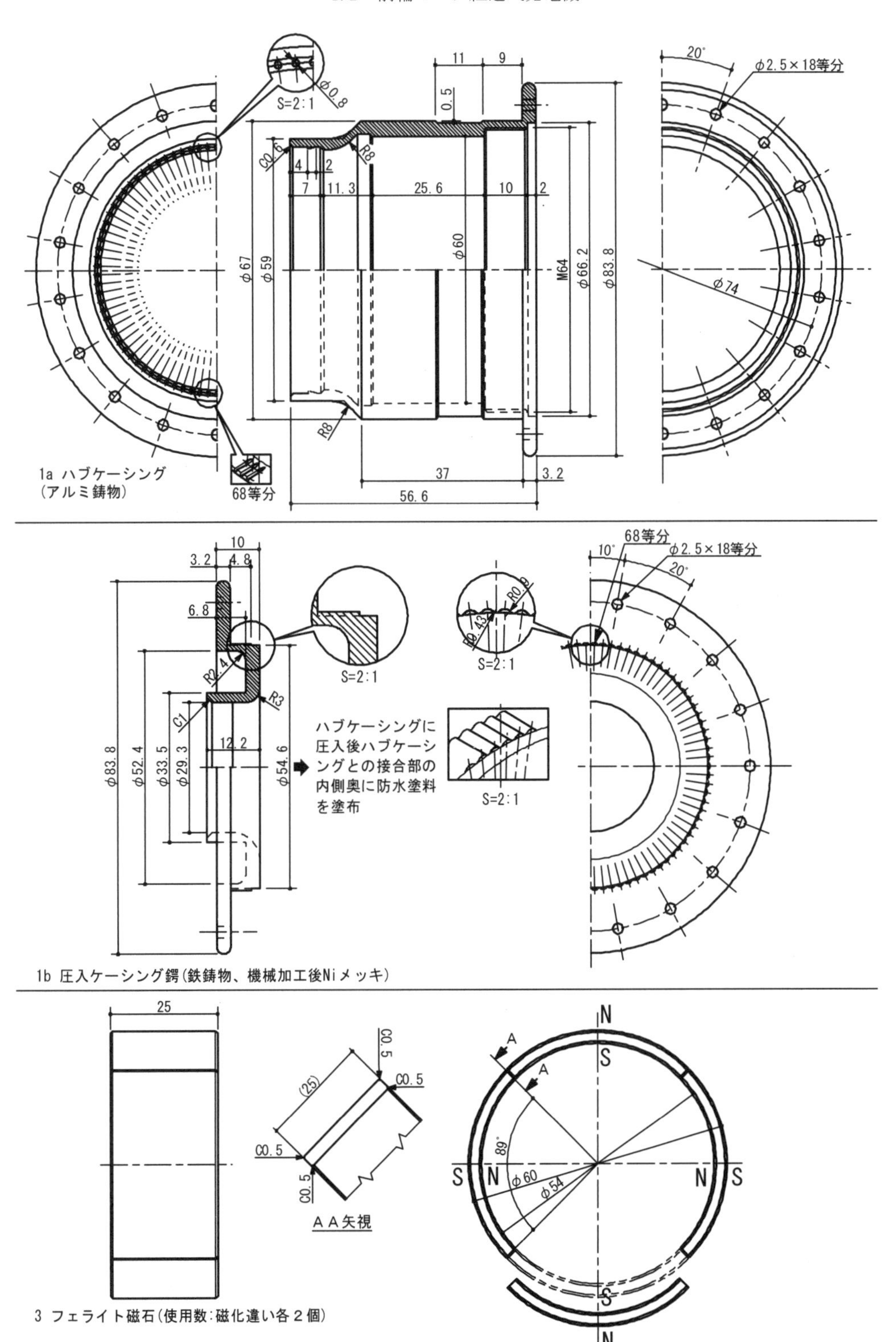

図 1-14 ハブ ケーシング、ケーシング鍔、フェライト磁石

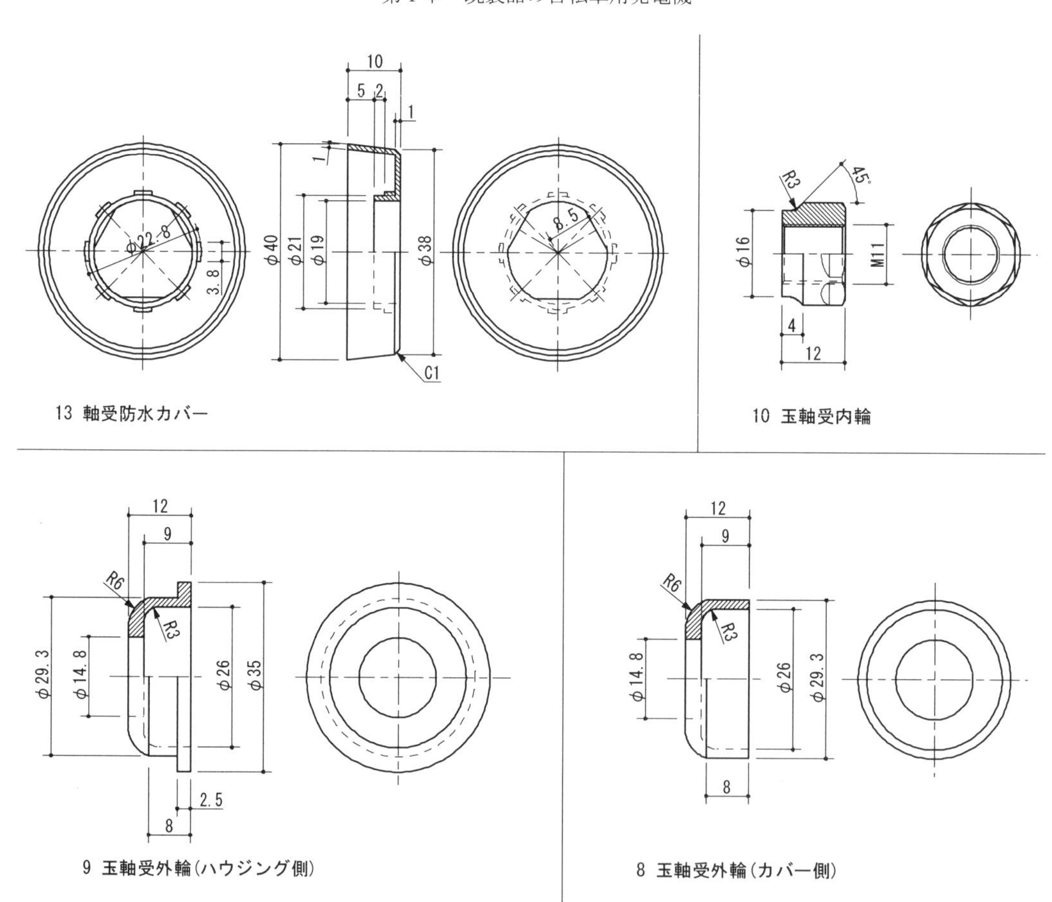

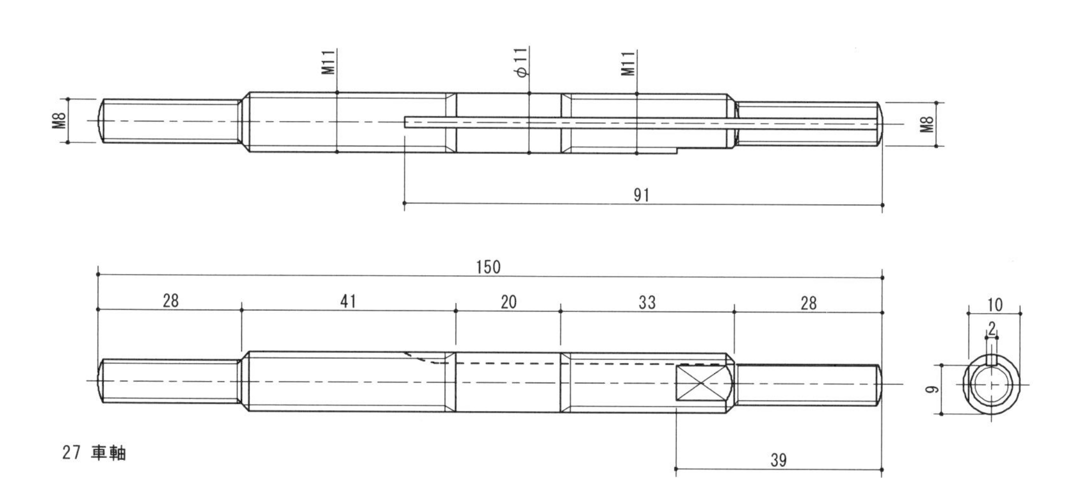

図 1-15 車軸、軸受、軸受カバー

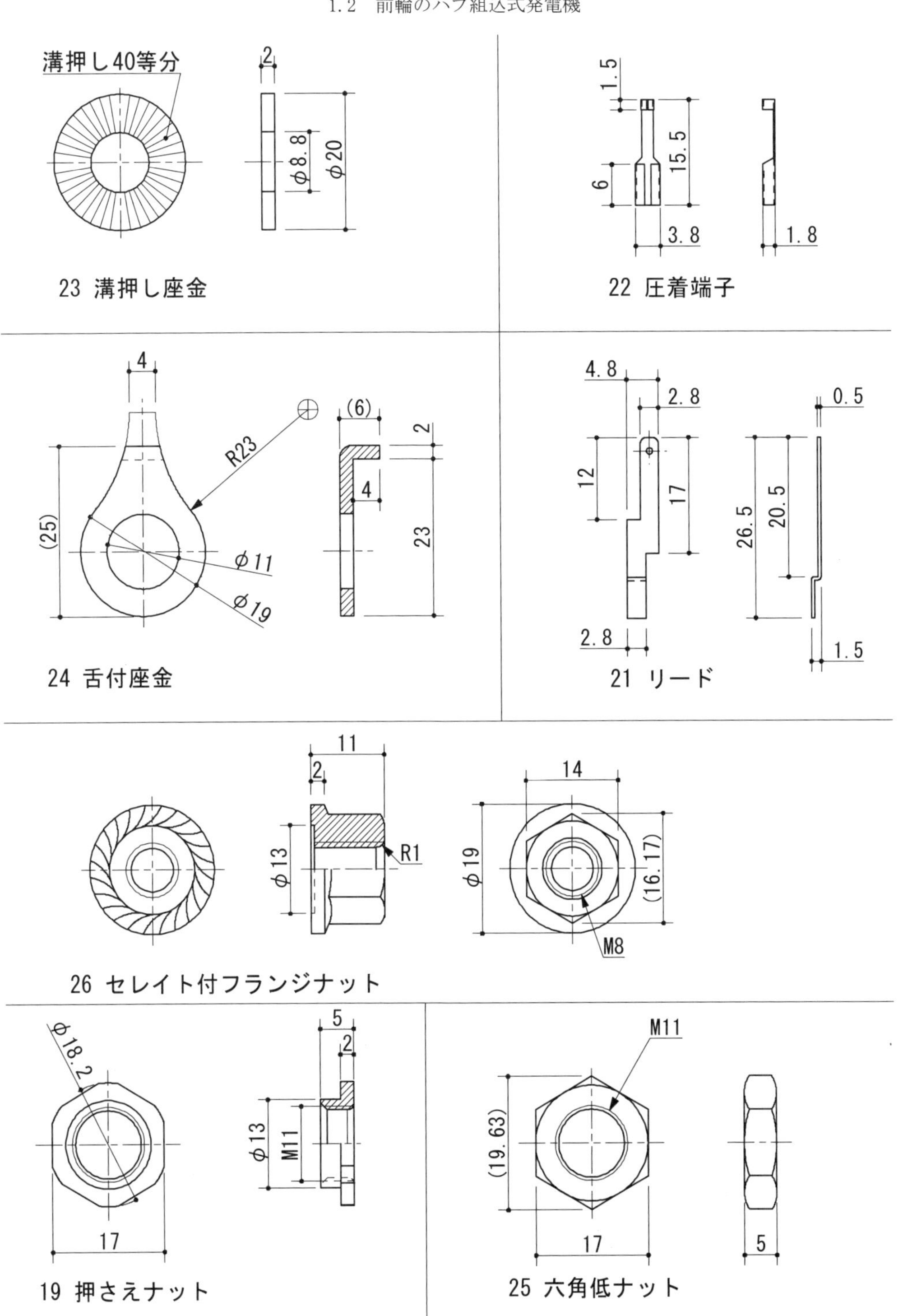

図 1-16 取付用部品、配線用端子

固定部品および回転部品の「見取図」詳細は、以下のイラストにして紹介します。

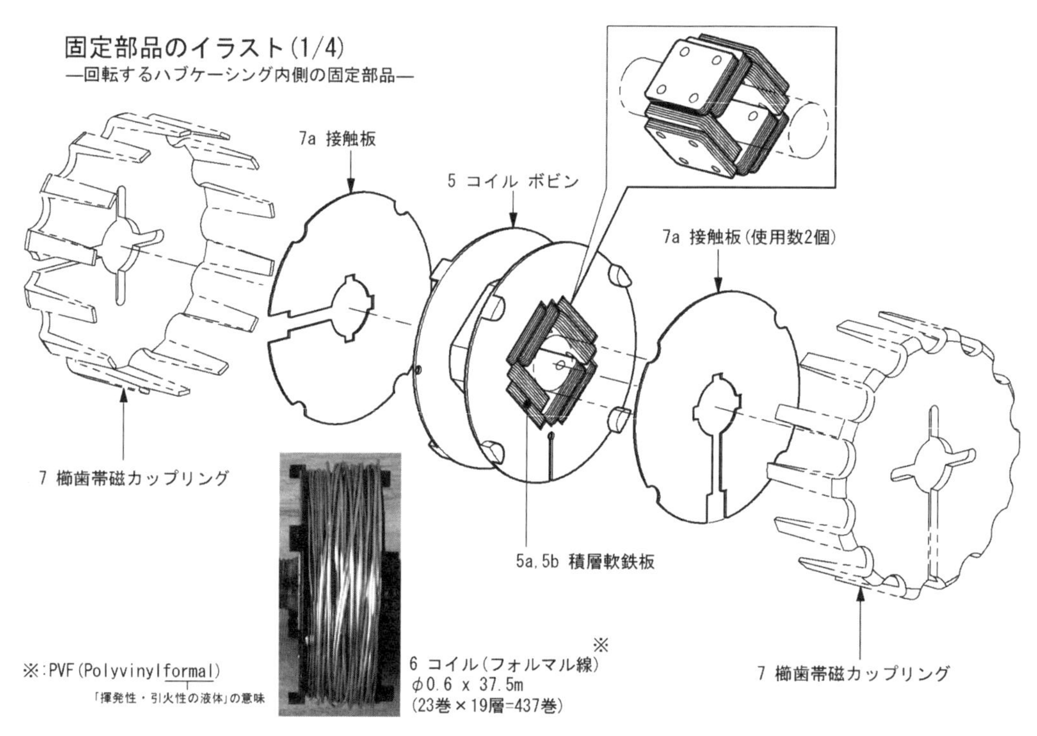

図 1-17 固定部品のイラスト(1/4)

固定部品のイラスト(2/4)
—回転するハブケーシング内側の固定部品—

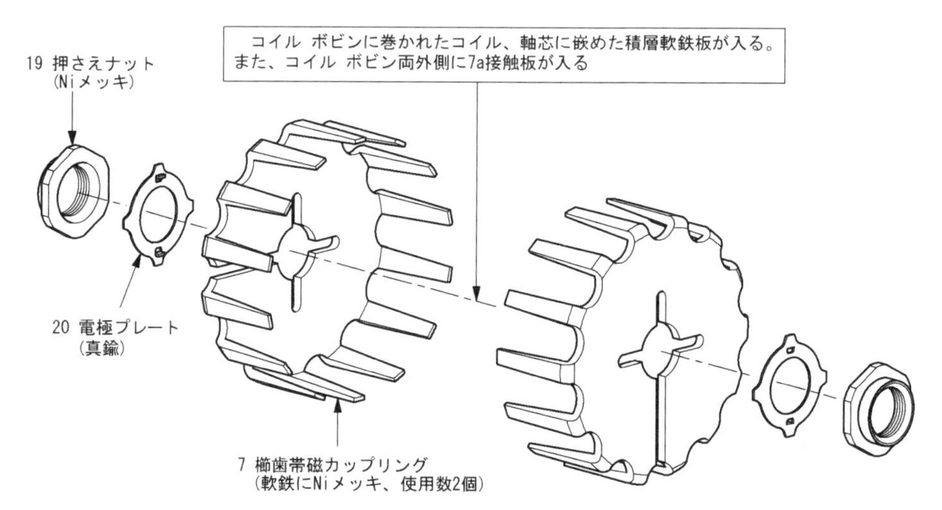

図 1-18 固定部品のイラスト(2/4)

上記の図 1-18 の⑦櫛歯帯磁カップリングは、この方式による発電方法では必要ですが、前出のリム発電機(図 1-7)における⑥コイルホルダー(メイン)および⑦コイルホルダー(サブ)と同様に後述の「**トルク脈動レス発電機**」では不必要な部品です。

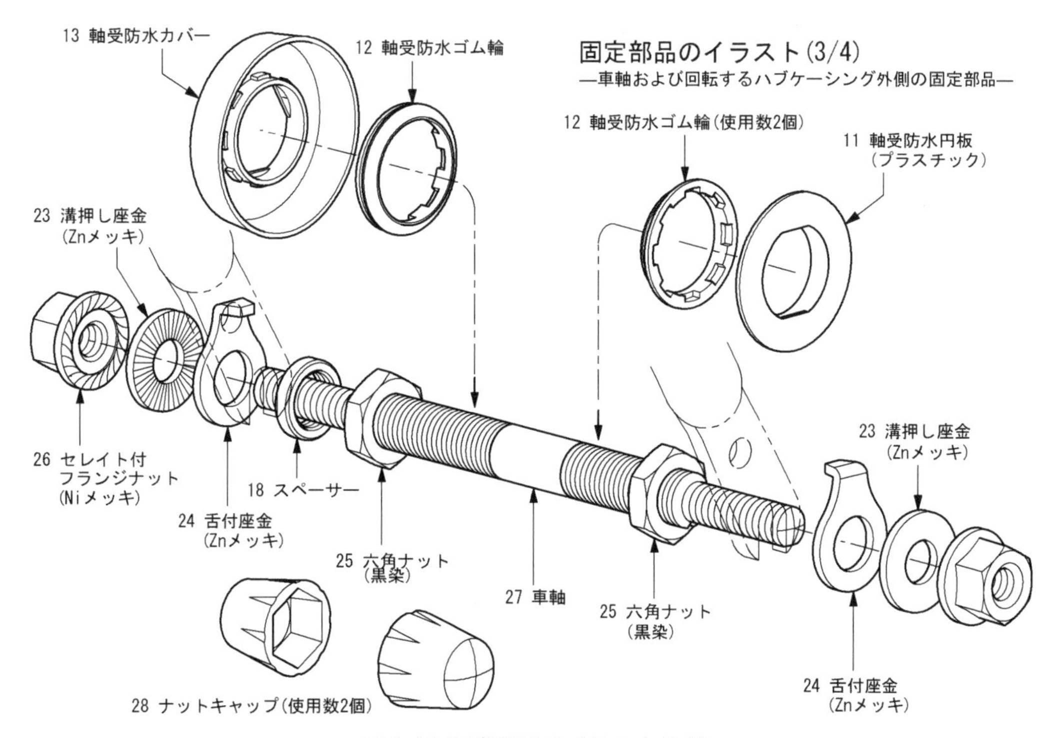

図 1-19 固定部品のイラスト(3/4)

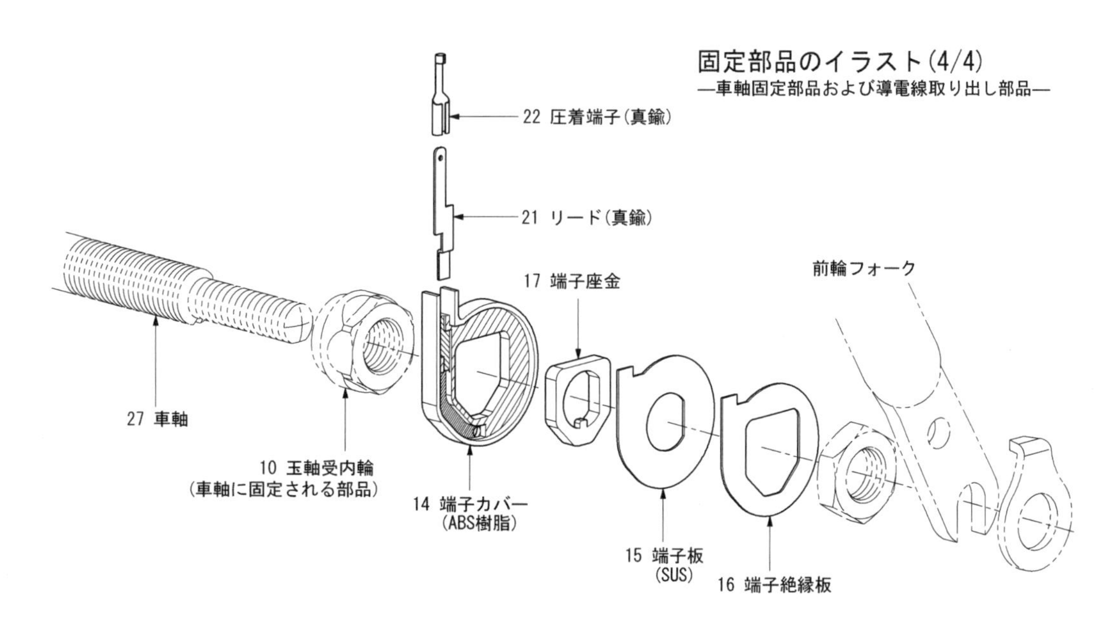

図 1-20 固定部品のイラスト(4/4)

以上、図 1-17～図 1-20 の部品は、前輪フォークに固定取付する部品です。写真 1-6～写真 1-9 と比較しながらハブ ダイナモの構造を紹介しました。前出のリム ダイナモでは磁石の回転子が芯となって回転しましたが、ハブ ダイナモではコイルの外周

をハブケーシング セットの内面に貼り付けられた筒状のフェライト磁石が回転しますので両者の位置関係が逆の構造になっているのが分かります。

回転する部品のイラスト(1/4)

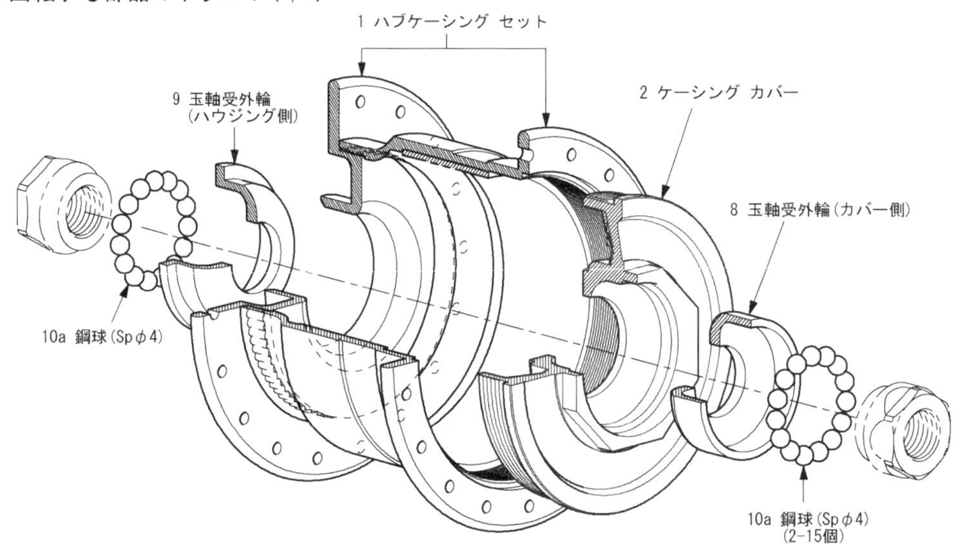

図 1-21 回転する部品のイラスト(1/4)

回転する部品のイラスト(2/4)

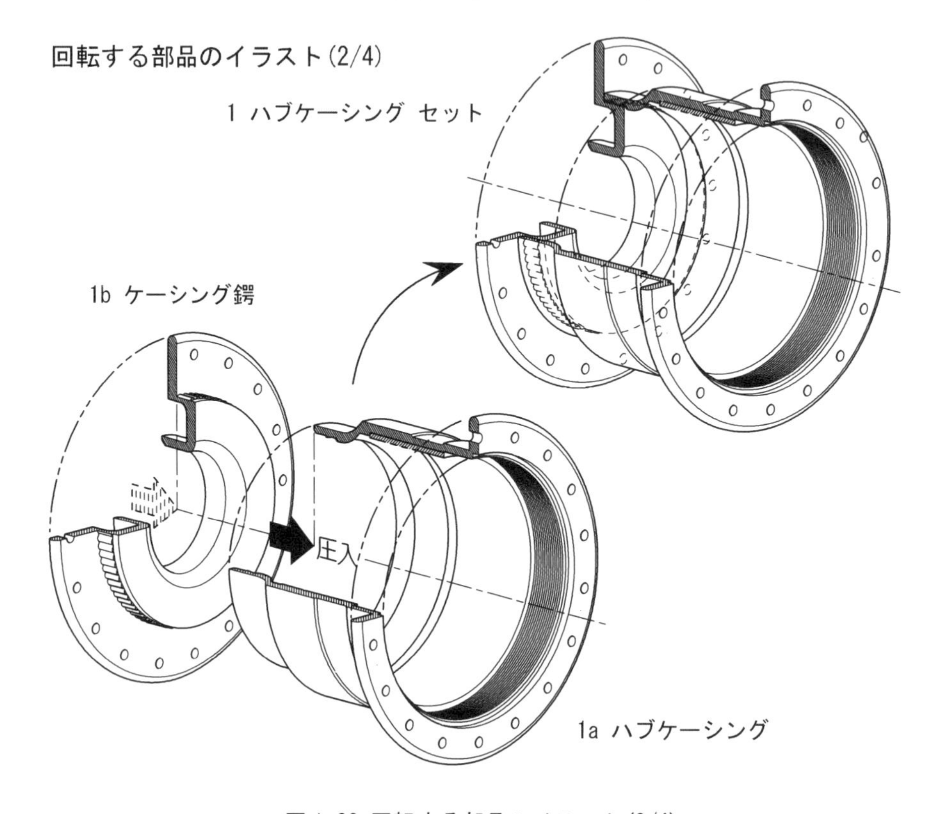

図 1-22 回転する部品のイラスト(2/4)

回転する部品のイラスト(3/4)

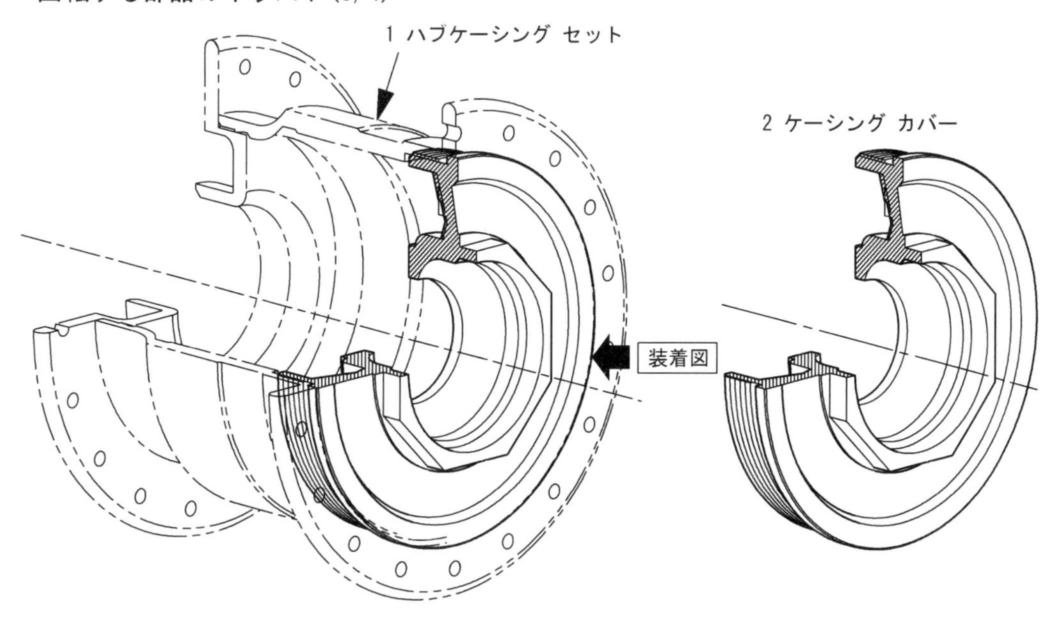

図 1-23 回転する部品のイラスト(3/4)

回転する部品のイラスト(4/4)

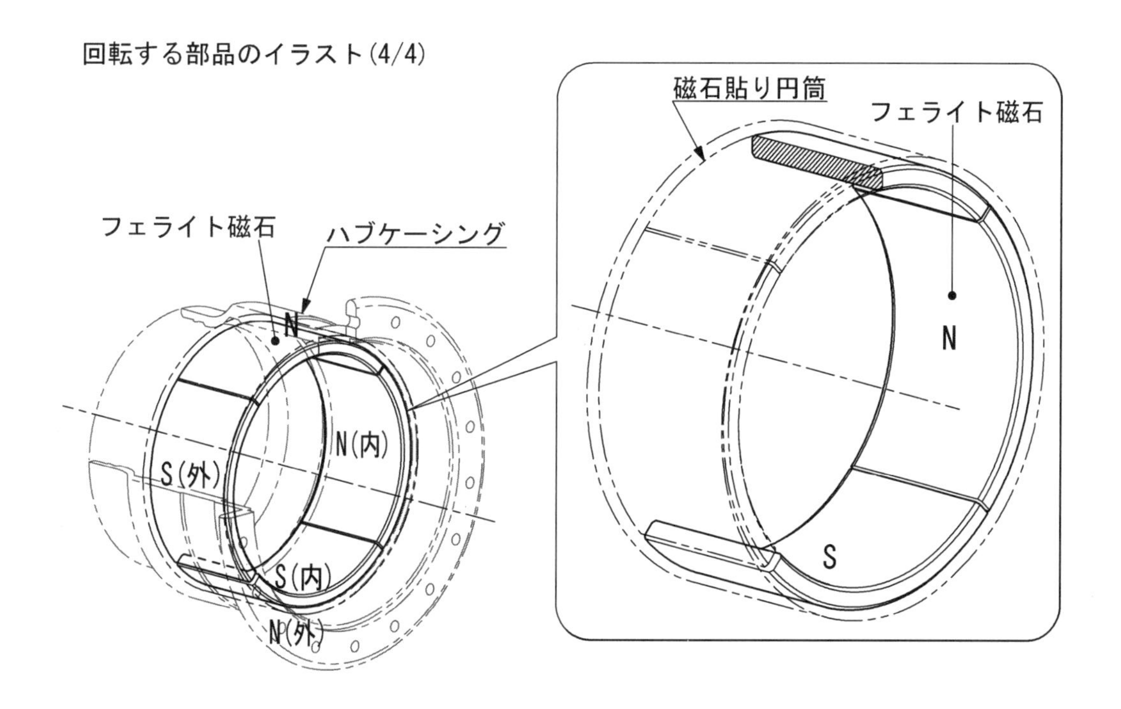

図 1-24 回転する部品のイラスト(4/4)

コラム

世界最強の永久磁石

「トルク脈動レス発電機」に不可欠の最重要部品「ネオジム-鉄-硼素磁石」は、1983年８月に旧住友特殊金属㈱が特許出願し、その13日後に米国のゼネラル モーターズ㈱も特許出願しました。特許権の有効年限は出願日から20年ですから2003年８月に特許権は消滅していますが、その製造ノウハウおよび商道徳があり、独占禁止法に抵触しないように日立金属㈱にその権利の約半分、残りをその他の企業に分割しています。

紀元前 240 年頃の中国の本「呂氏春秋」に「慈石召鉄」と書かれていた天然産の磁石(磁鉄鉱、マグネタイト)が最も古いと言われ、河北省南端の磁県がむかし、良質の慈石を産出したことから「慈州」と呼ばれていました。磁鉄鉱が鉄を吸引する様子を慈しみ深い母親が幼子を招き寄せるのに似ていることから今日の磁石を「慈石」と呼んだのでした。

横文字の「マグネット」の語源は、現在のトルコ西端のイズミル(izmil)南部が古代ローマの時代の紀元前３世紀頃には古戦場でしてマグネシアと呼ばれました。この一帯が「マグネシアの石」(磁鉄鉱)の産地であり、後に「マグネット」と呼ばれるようになりました。

このように鉄を吸引する天然の磁石が昔から知られていましたが、人工の磁石は20世紀前半から開発され、1983年に最強の磁石「ネオジム-鉄-硼素磁石」が発明されたのでした。

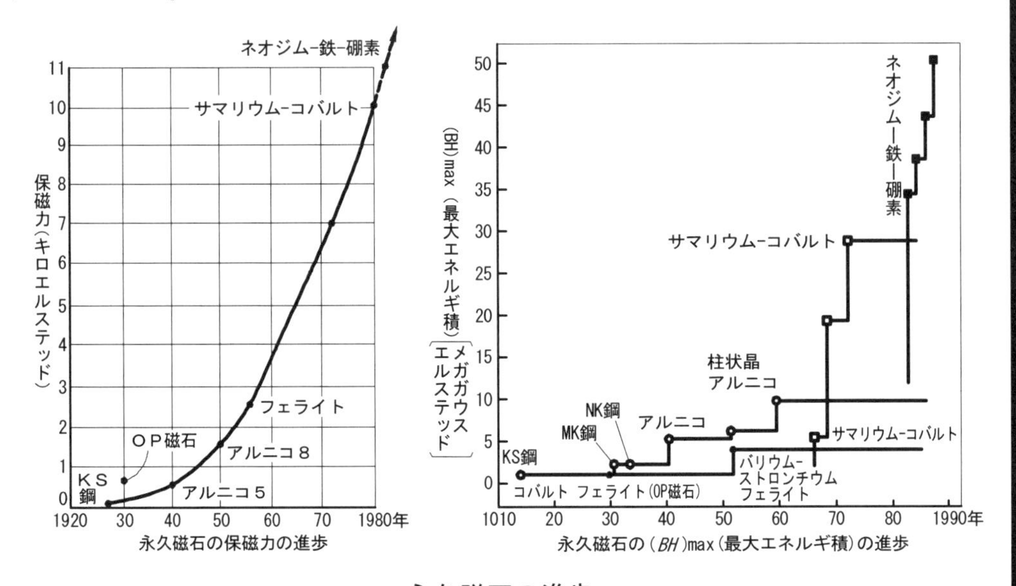

永久磁石の進歩

第2章　トルク脈動レス発電機の電力システム(Ⅰ)

2.1 モータと発電機の相違

本書を購入された読者の多くは、小学生の頃に教材用直流モータを組み立てて模型工作の船のスクリュー駆動に使用した経験をお持ちかと思います。

現在は教材メーカーが製造・販売しているモータキットがありますので、組み立てるだけですから簡単です(図 2-1)。高性能の完成品は、マブチモーター㈱や田宮模型㈱から販売されています(写真 2-1)。

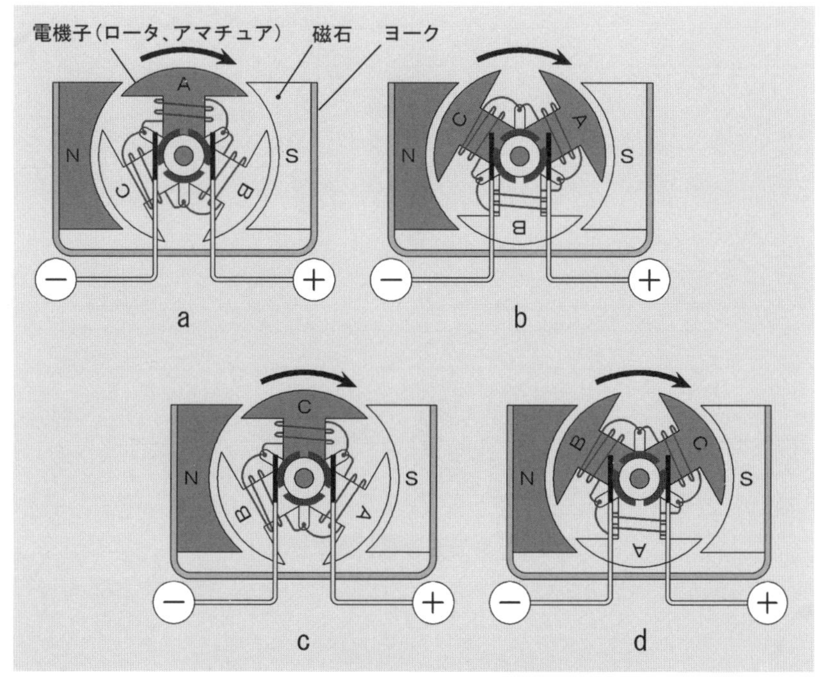

図 2-1　3コイル直流モータの回転模式図

写真 2-1 マブチの高性能直流モータ RS-540SH および田宮模型の Type R

このモータを２個用意して、両者の軸端をゴム管で接続し、一方を乾電池の電源で回転させ、他方のモータの＋電極と－電極にテスタを繋ぐと電流が発生していることが分かります。

しかし、発電機として利用したモータの回転子が軟鉄にコイルを巻き付けた形ですから磁石のＮ極とＳ極との反発・吸引のために軸を回すとコツコツと感じるトルク斑(**トルク脈動**:torque ripple)が生じて滑らかな回転にはなりません。つまり、発電機側のロータは、磁石の影響を受けない金属やプラスチックでもよいのです(図2-2)。

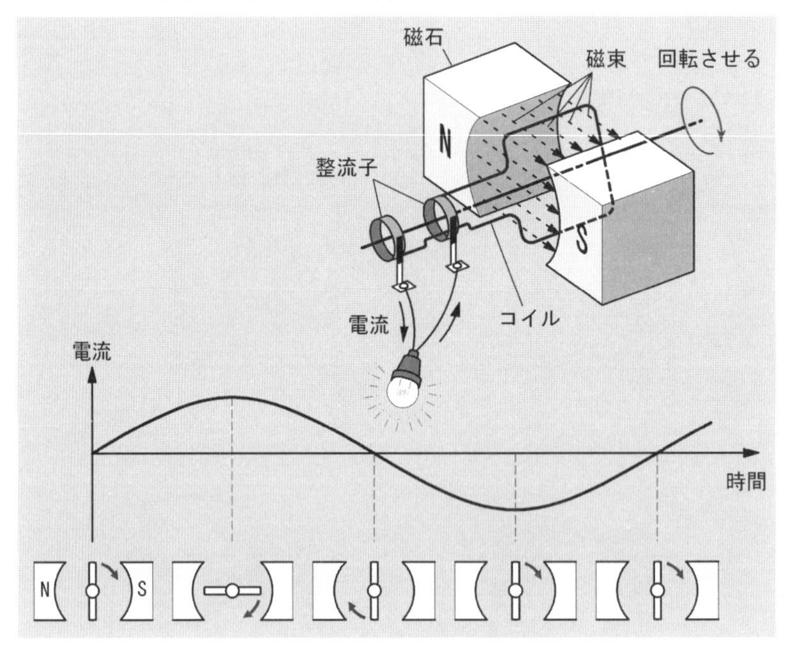

図2-2　交流発電機の模式図

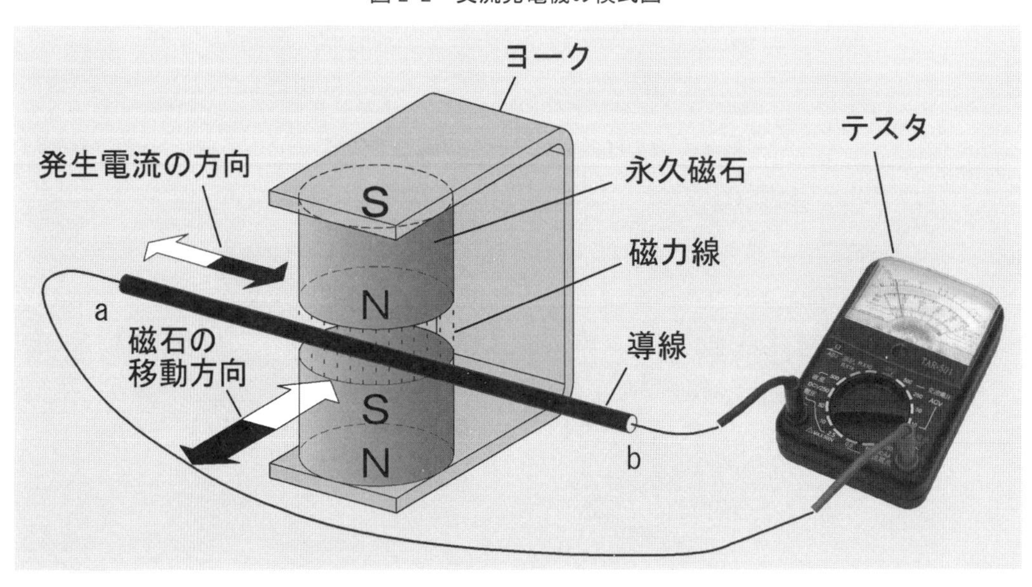

図2-3　「フレミングの右手の法則」の実験図

2.2 トルク脈動レス発電機のテスト機の製作

自転車用ハブダイナモの性能は、以前から日本工業規格で規定されていますのでそれ以上の性能を期待できません。もう少し性能の良い発電機を作ろうとの試みの寄り道がてらファラデーによって1840年頃に発見された「単極電磁誘導」、通称「Nマシーン」と呼ばれる不思議な現象についての文献を捜していて、偶々風力発電用の「コアレス発電機の製作」と題する記事がインターネットのサイト(www3:kct.ne.jp)に紹介されていたのを見つけました。この発電機の特徴は、「**回転子に鉄芯は不要**」との実験録が紹介されていることです。それによれば、発電時に**トルク斑**(トルク脈動:torque ripple)が無いために、風車設置に適していない場所の微風でも風車が回り出して、滑らかに回転する「**優れモノ交流発電機**」と書かれています。

余談ですが、風力発電に適している場所は限られていますから風力発電業者によって占領済みですので新規に風車を設置するのは容易ではありません。一般家庭の庭先に風車を設置しても、必ずしも理想的な設置場所ではないでしょう。

トルク脈動が無く滑らかに回転する発電機、称して「**コアレス発電機**」の記事を鵜呑み・受け売りにしてモノにならなかったとしたら大恥をかきます。

しかし、昭和20年代前半に実用されていた自転車用リム発電機(前章の写真1-4参照)が回転子に4極の永久磁石を使用し、その周囲に4個の起電コイルを固定排列した製品でしたから「**トルク脈動レス発電機**(筆者)」の実証済み機とも言えます。三洋電機製作所保存の写真では分かりにくいのでイラストにしました(図2-4)。

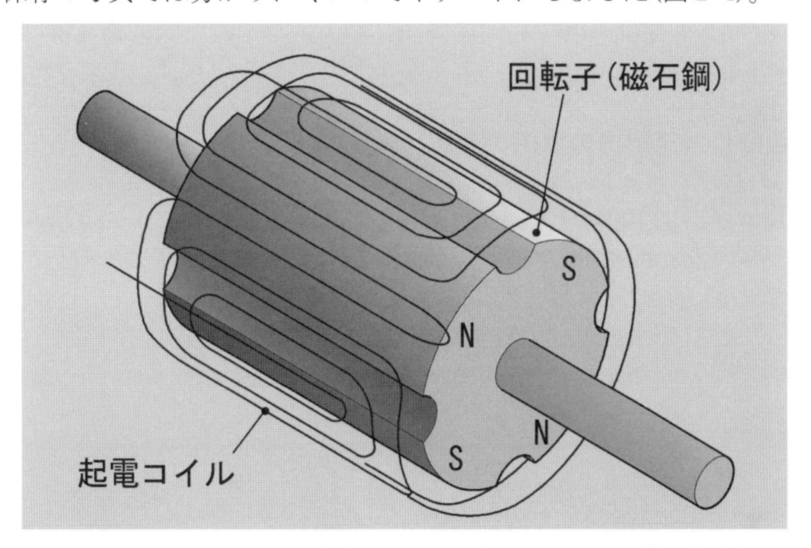

図2-4　昭和20年代前半に実用されていた自転車用リム発電機の構造模式図

現在の自転車用リム発電機が単一コイルを使用して軟鉄製のコイルホルダを加えてトルク脈動が発生する構造にしているのは、コイルを簡単に巻くことができるためと思います(前章の図1-2参照)。

「**トルク脈動レス発電機**」の検証、しかも風車用として実用になる「本格的な機種」の構想は既にできあがっていましたが、それの製作には材料費が嵩む上に製作に手間がかかります。廉価な材料と部品を使用して超コンパクトなテスト用実験機を製作しました。超コンパクトとは言え機能上の差はありません。

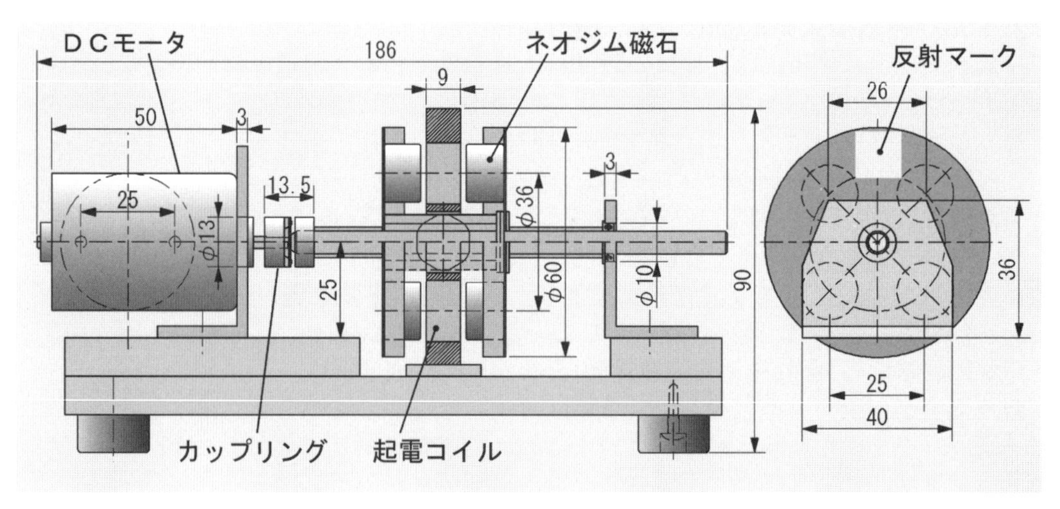

図2-5「トルク脈動レス交流発電機」の組立・製作図

主な部品は、ネオジム磁石8個(760x8=¥6,000)、ディスク形カップリング(¥1,080)、ミネチュア軸受(¥500)をミスミから、直流モータ(¥866) を Web 通販のアマゾンから購入した合計¥8,446です。

アルミのアングル、木材、ステンレス軸、真鍮パイプ、3/8 インチ長ねじ、ワッシャなどはホームセンタから購入しましたが微々たる金額です。尤もこれらの部品や材料は、「Nマシーン」の検証目的で以前に使用したモノですので既に調達済みでしたから今回のテスト用試作機ではほとんど費用が掛かりませんでした。

2.3 トルク脈動レス発電機の驚愕の発電

テスト機用の起電コイルは、φ0.7 のフォルマル線を使用してφ52/φ21, t9 を拵え、当初「単一起電コイル」で発電できるかを試みましたが、起電コイルの環状内に沿って回転する磁石列では磁界が導線を横切らないために誘導電流が発生せず、これは失敗でした(写真2-2)。

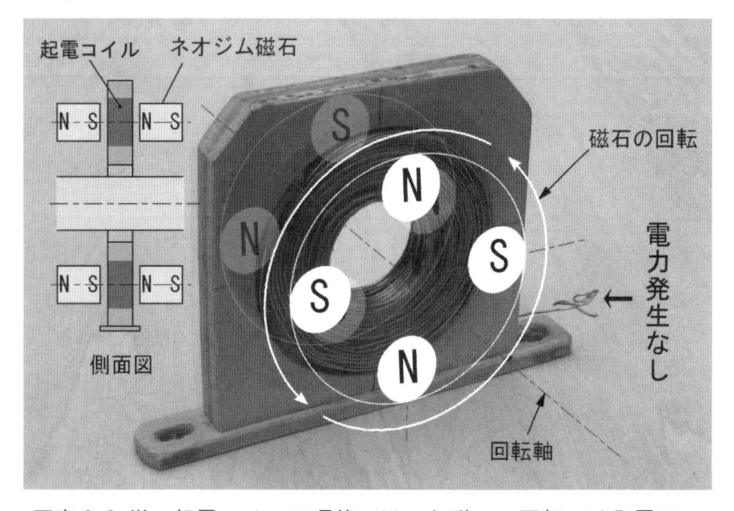

写真2-2 単一起電コイルの環状に沿った磁石の回転では発電不可

「失敗は成功の基」、折角拵えた「単一起電コイル」だけに「転んでも只では起きない根性」を発揮して「**トルク脈動レス発電機**」の本領発揮に活かす試みをしました。

単一起電コイルを磁石の回転軌跡の外に移動させて設置し、新品の単一形アルカリ乾電池６個の直列接続ＤＣ9V で直流モータを回転させて発電機のネオジム磁石４個を回したところ交流電圧 AC10V が発生しました。

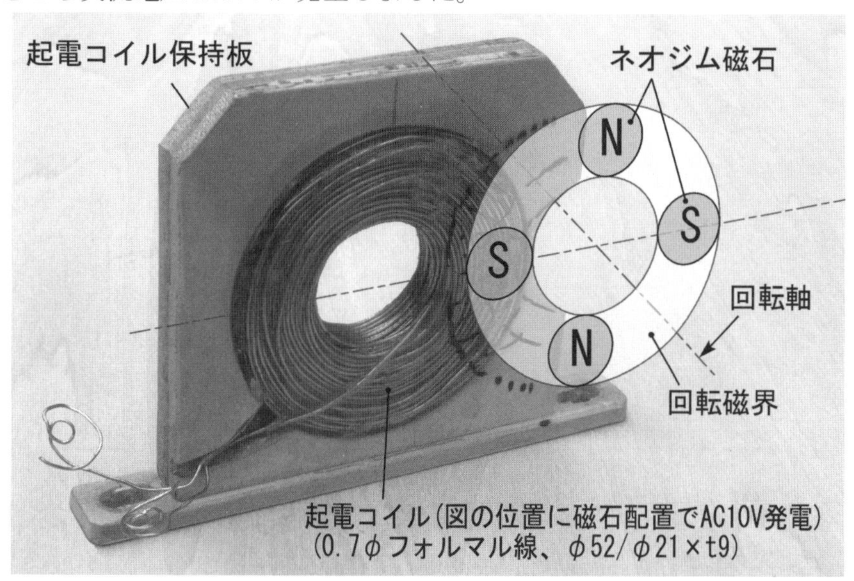

写真 2-3 単一起電コイルを磁石の回転軌跡の外に移動させて設置し発電に成功

この場合、単一起電コイルが１個ですから左右対称の起電コイルを更に１個を拵えて、それら２個を直列に接続すれば合計で AC20V の発電になる勘定です(図 2-6)。

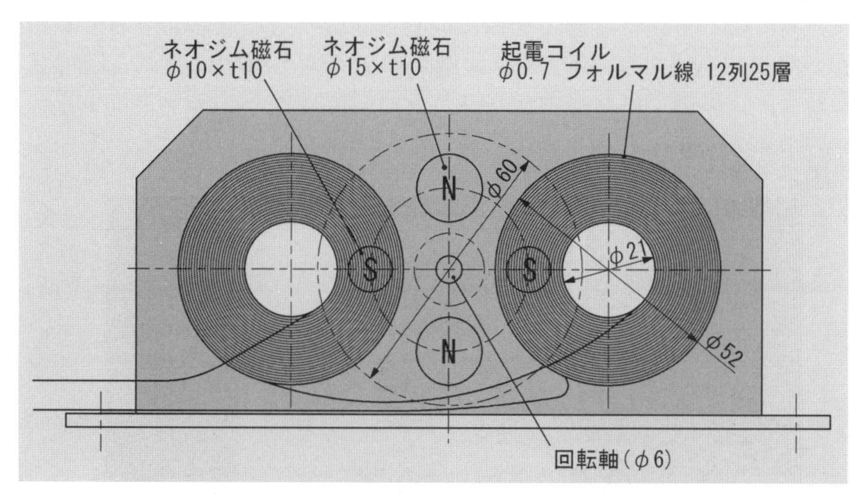

図 2-6 単一起電コイルを２個設置した模式図

φ0.7 のフォルマル線を使用してφ52/φ21, t9 の起電コイルを拵えるには全長 34m のフォルマル線が必要ですが手持ちの 10m では足りません。そこでサイズダウンしたφ30/φ12, t9 の起電コイルを２個拵えることにしました(図 2-7)。テスト結果は後述します。

＊＊＊＊＊＊＊＊＊＊＊＊＊＊＊＊＊＊＊＊＊＊＊＊＊＊＊

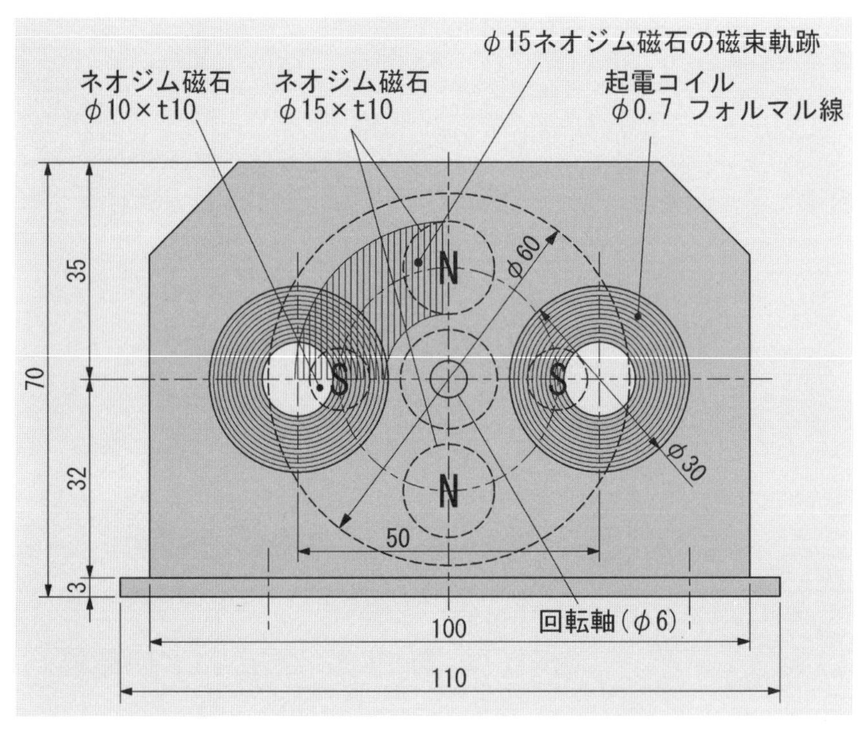

図 2-7　φ30/φ12, t9 の起電コイル２個の製作図

＊＊＊＊＊＊＊＊＊＊＊＊＊＊＊＊＊＊＊＊＊＊＊＊＊＊＊

起電コイル(図 2-7)を採用する前に写真 2-2 の起電コイル１個を使用して起電コイルの巻き線方向に磁石を回転させて発電に成功しなかったことから、φ0.3 のフォルマル線を巻いたφ16/φ5 t=8 の小さな起電コイル４個を環状に排列させて発電に成功していました。この例では起電コイル４個を直列に接続し、モータに供給した電圧 DC9V を超えましたが、起電コイルが小さいために４個を直列に接続したものの発電電圧は低く、満足できませんでした。

写真 2-4　φ16/φ5 t=8 の小さな起電コイルを４個環状に排列

写真 2-4 の起電コイルを装着したテスト機の完成品では回転させるネオジム磁石φ

15×t10、φ10×t10 を各２個を配置し、新品アルカリ乾電池 6 個の直列接続 DC9V で直流モータを回転させて発電させ、合計で AC11V の出力を得ました(写真 2-5、表 2-1 および図 2-8)。この程度の出力とは言え変換効率は最大 122%に達します。

ただし、実験に際してアルカリ乾電池の 6 個直列接続で保持電圧が DC8.4V 以下に降下すると正常なモータ出力を期待できませんのでテストの際には注意が必要です。

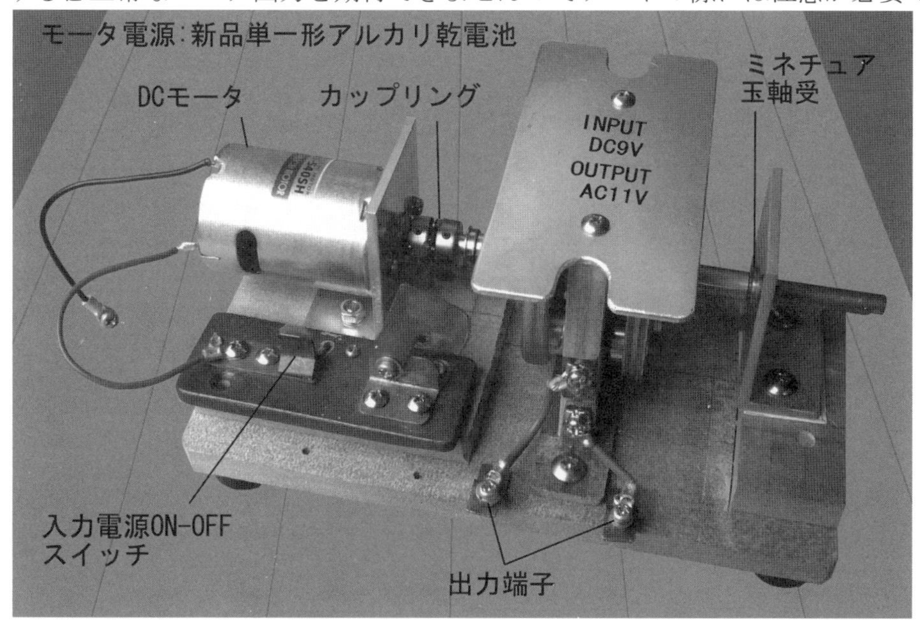

写真 2-5 テスト機の初期型完成品(φ16/φ5 t=8 の小さな起電コイル 4 個使用)

表 2-1 入力電圧と出力電圧の測定値(φ16/φ5 t=8 の小さな起電コイル 4 個使用)

直列接続 乾電池の個数	入力直流電圧 (新品アルカリ乾電池)	出力交流電圧 (発電電圧)	回転軸の実測回転数 (rpm)
6個接続	9V	11V	8450～8550
5個接続	7.5V	9.4V	ca. 7125
4個接続	6V	7.5V	ca. 5700
3個接続	4.8V	5.2V	ca. 4560
2個接続	3.4V	3.5V	ca. 3230

(5個～2個接続の回転数：電圧に比例)

註:Mabuchiのカタログに記載の駆動モータ(RS-540SH)の無負荷時の Max.回転数 ca.15,800rpmは負荷によって大きく変動するので参考にならない

写真2-5のテスト機にφ15とφ10の異なるサイズの磁石を使用したのは同一大サイズのものが手許になく、あり合わせの小サイズのものを偶々利用したのですが、後に買い求めた大サイズφ15 に入れ替えたところ不思議な現象が起きました。

新品アルカリ乾電池6個の直列接続DC9Vで直流モータを回転させて発電させたにもかかわらず発生電圧が AC6.5V にダウンしたのです。入力電圧の低下かも知れないと思い新品の電池に入れ替えてみましたが同じ現象に変化はありませんでした(図 2-9)。更に不思議な現象、テスト機(写真 2-5)の起電コイル保持板の上に取り付けたアルミ板は、回転する磁石が振動で緩み、強力な遠心力で抜け飛んだ場合の用心の防護用なのですが、これを取り付けると起電力が AC6.5V から AC6V に若干ダウンすることでした。発電した交流電圧は、直流に整流すると約 1.27(1.4×0.91=1.274)倍になります。

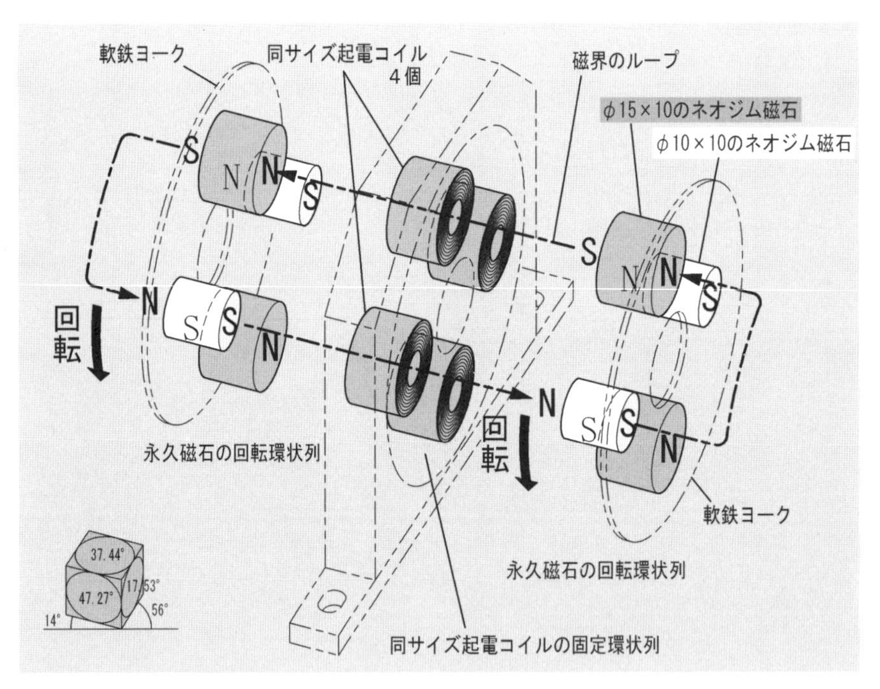

図 2-8 同サイズ起電コイルを４個、大小サイズ磁石各２個を使用した模式図

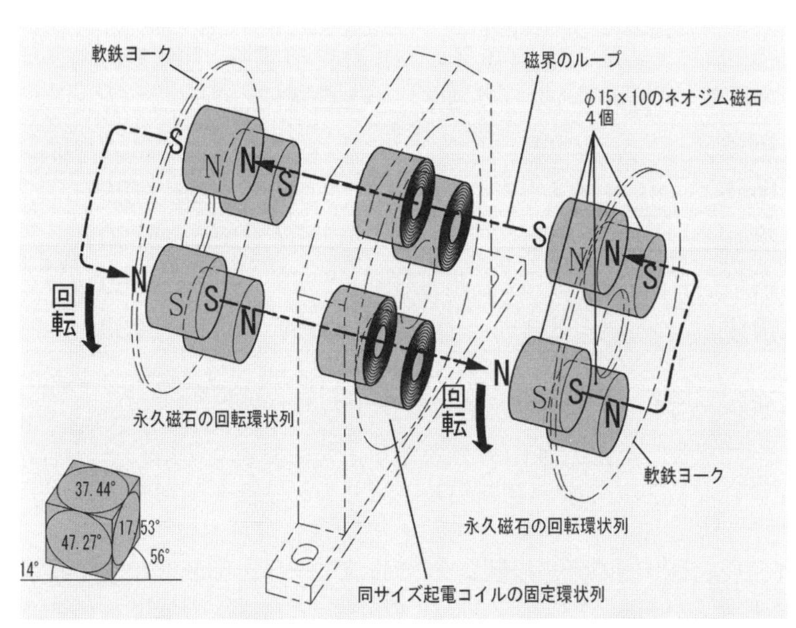

図 2-9 同一サイズ起電コイルを４個、同一サイズ磁石４個を使用した模式図

実験して発見したこの現象が起きる理由は、磁束の変化が起電力に関係していると

思われます。なぜなら、両者ともに回転直径上に排列されていますが、小径の磁石の磁束は起電コイルのほぼ中心近くを横切り、大形の磁石の磁束は起電コイルの外縁と内縁をも含めて通過します。磁束の移動方向に対して直交する導線には電流が発生し、磁束の移動方向に沿った導線には電流が発生しない現象が起きたためと思われます(図 2-10)。起電コイルの直径は、永久磁石の直径の 1.4 倍以上が望ましいのです。

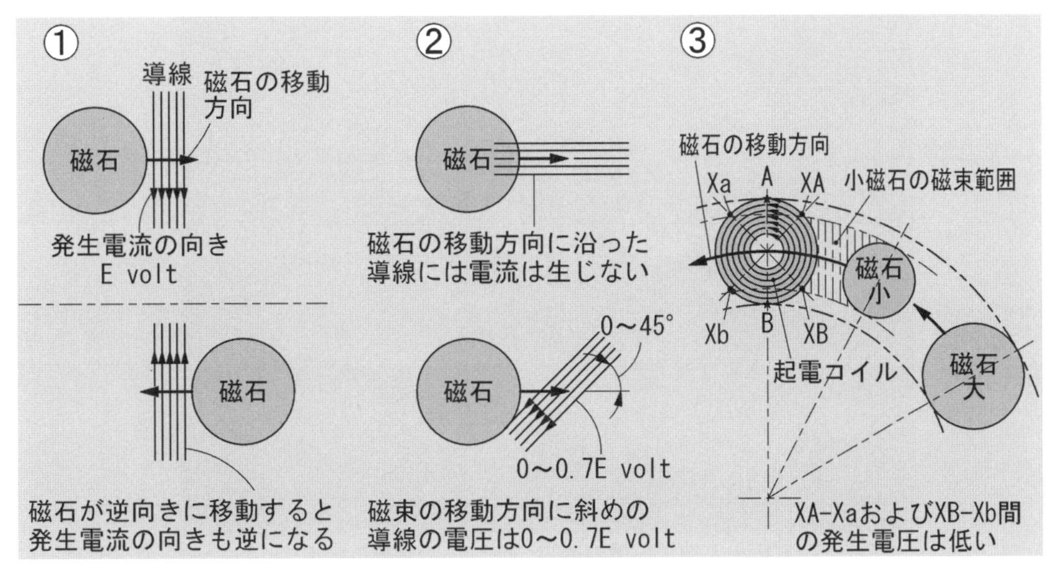

図 2-10 起電コイル直径の 70%を超えるサイズの永久磁石は非効率

＊＊＊＊＊＊＊＊＊＊＊＊＊＊＊＊

話しが前後しますが、前出図 2-5 のテスト機の起電コイルのみを差し替えたφ30/φ12, t9 の起電コイル２個を使用したテスト結果を紹介します(写真 2-6)。

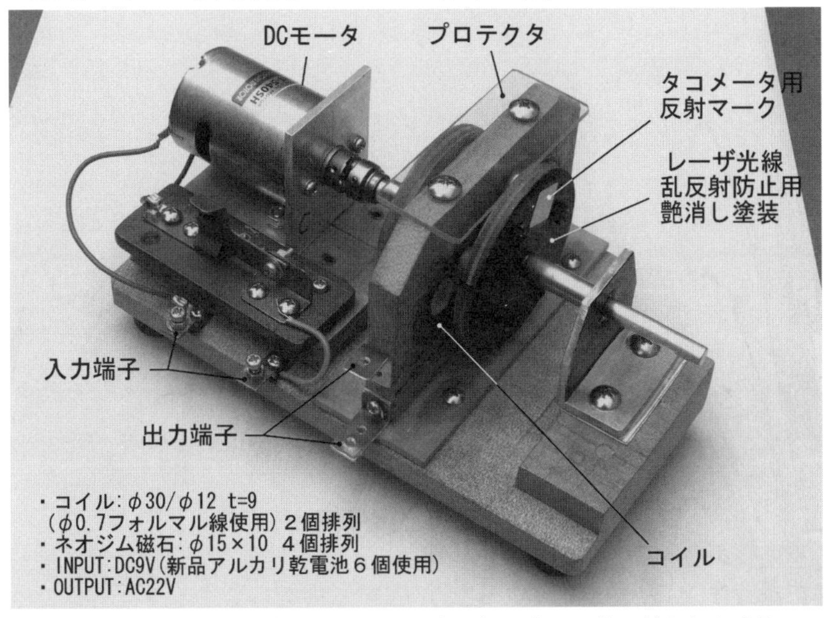

写真 2-6 テスト機の起電コイルのみを２個のものに差し替えた完成品

テスト機の**写真**(写真 2-6)では起電コイル2個と磁石8個が収納躯対に隠れて見えませんので分解して取り外した写真およびシースルーのイラストを用意しました(写真 2-7、図 2-11)。

写真 2-7 テスト機のφ30/φ12、t9 の起電コイル

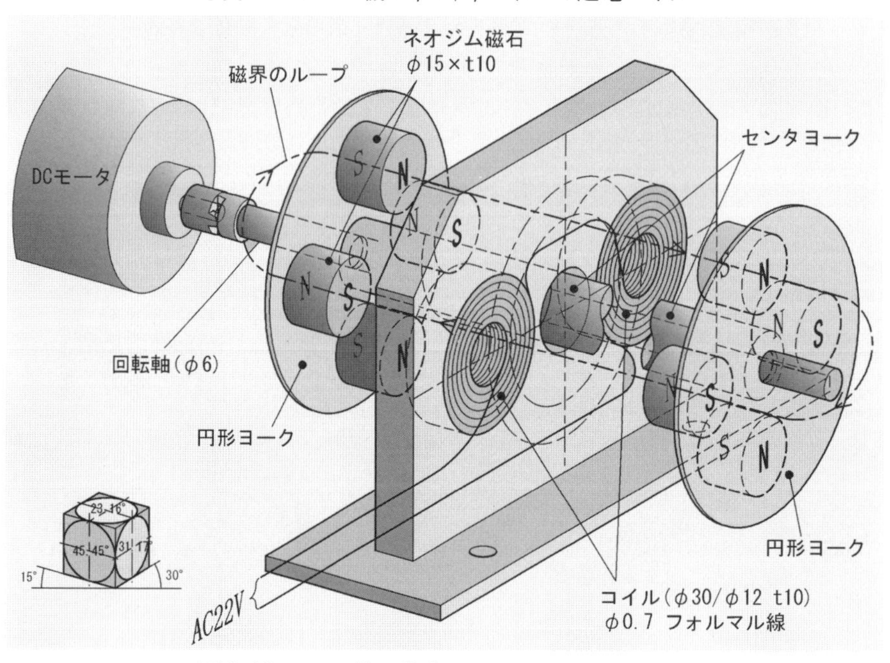

図 2-11 テスト機の構造のシースルー イラスト

起電コイル表裏両側の磁石は、軟鉄の円形ヨークに強烈な吸着力で張り付いていて排列の位置を保持する「磁石位置決め円板」に収納されています。イラストではそのベニヤ板製「磁石位置決め円板」が邪魔ですので省いてあります。

φ30/φ12,t9 の起電コイル２個で合計 AC22V を出力しましたので起電コイル１個当たり AC11V を出力します。さらに起電コイルを２個増やして４個にした場合には AC44V 出力の計算になります(図 2-12)。

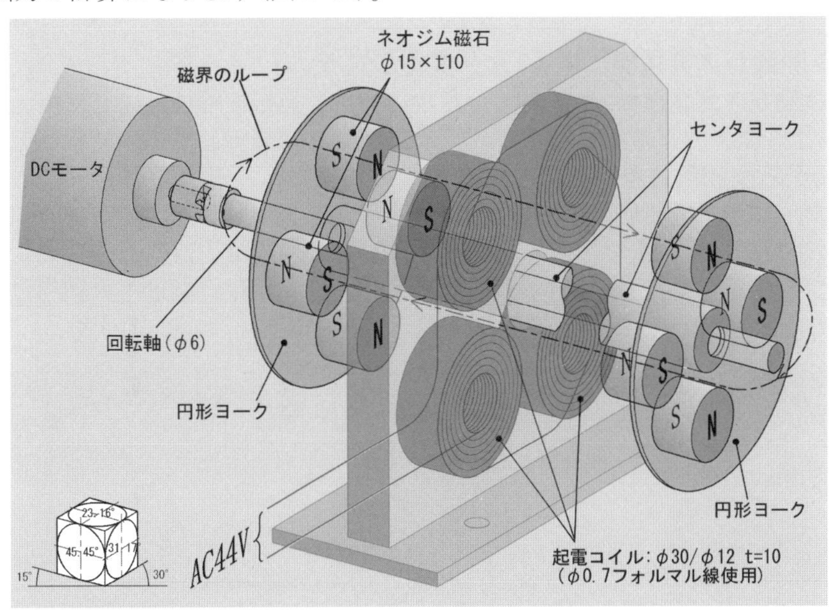

図 2-12 起電コイルを４個にしたテスト機の構造の彩色シースルー イラスト

起電コイル４個を使用したパワーアップした起電コイルは、当初のテスト機サイズの限界で援用できませんのでシースルーの模式イラストを用意しました。更に起電コイル８個では AC88V を出力すると類推できますが、磁石の回転軌跡を起電コイル中心の排列円の直径と同等にすれば 1.4 倍になり、AC123V にアップします。ネオジム磁石が張り付いている円形ヨークの外径がテスト機の 1.5 倍になるもののマブチの直流モータで駆動可能なサイズです。

「**トルク脈動レス発電機**」の根幹を成すネオジム磁石の N 極・S 極の配置が「磁界のループ」として磁力線が循環していることに注目してください(図 2-8～図 2-12)。

また、「**トルク脈動レス発電機**」の軟鉄円板や回転軸を通している厚肉円筒は、従来の自転車用発電機に使用されていてトルク脈動を起こすリムダイナモの軟鉄製「起電コイルホルダ」やハブダイナモの軟鉄製「帯磁カップリング」とは異なり、トルク脈動を起こしませんから原動力の直流モータに掛かる負荷が極めて小さく滑らかに回転します。

ただし、直流モータの高速回転による「**トルク脈動レス発電機**」の回転数が 8,500rpm における条件での発電ですから、低速回転の風車を原動力として発電機を駆動する場合には、別途の「変速ギヤ」を介して増速してやる必要があります。

もっとも、「**トルク脈動レス発電機**」による発電の実験は、風力発電を想定し、風車に代わる動力源として直流モータを利用することにしたのですが、実験途中から直流モータの高速回転では起電コイルに有り余る電力が発生することに気付いて「**何も風力発電にこだわる必要がない**」との理由で「**発電機の動力はバッテリの電力**」で「**直流モータを回す方式**」にしました。

再三述べることになりますが、「**トルク脈動レス発電機**」の原型は、昭和 20 年代前半の三洋電機製作所製リム発電機がありますが、専ら自転車用発電機でして動力源に「直流モータの高速回転」を利用することに気付いていなかったことです。

2.4 トルク脈動レス発電機による「永久発電システム」

「**トルク脈動レス発電機**」の起電コイル多数排列は、蓮根を輪切りにした断面形状を彷彿させます。個々の起電コイルがそれぞれに独立して発電しますので複数起電コイル中の一つから交流電力を取り出して直流電力に変換し、それをバッテリに充電し「**トルク脈動レス発電機**」を駆動する直流モータに使用すれば「回生電力」の利用となり連続発電が可能になります。他の起電コイルからの発生電力は、周波数および電圧を変換して「汎用電力」として利用できます。とりわけ、電気自動車への利用は直ぐにでも利用できます(図 2-13)。

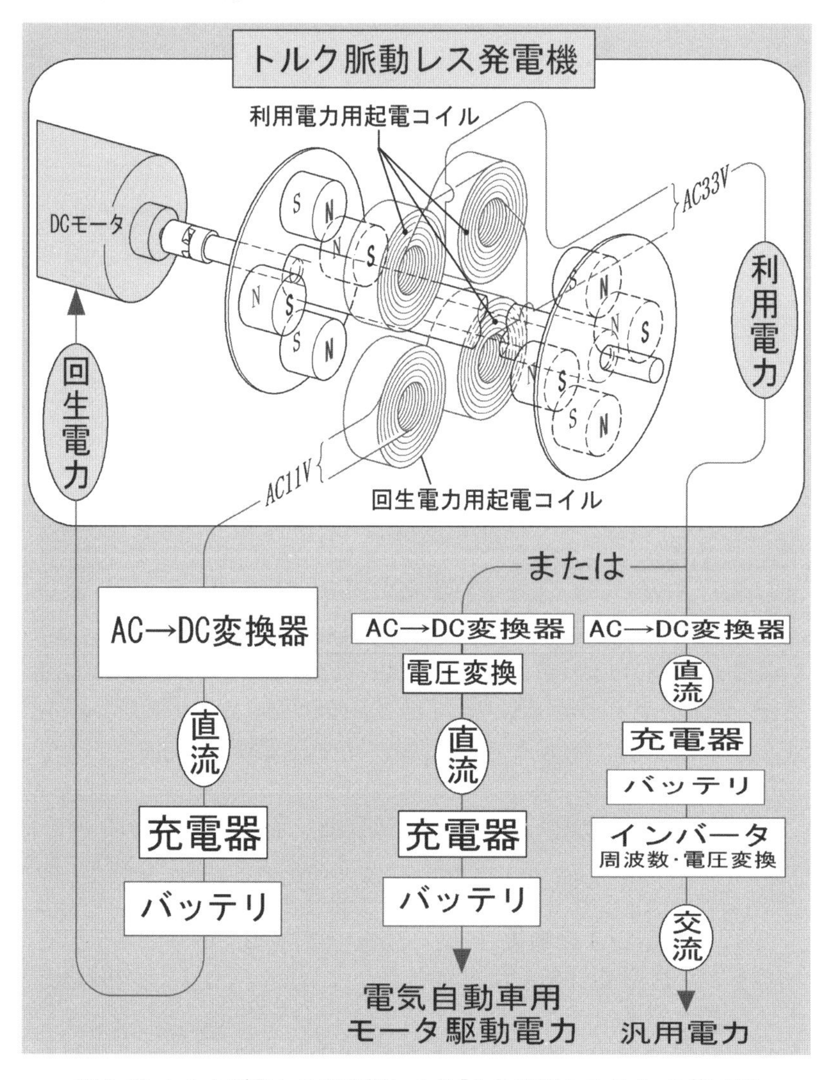

図 2-13 トルク脈動レス発電機による「永久発電システム」の模式図

これまでに「永久機関」はあり得ないとされていました。しかし、ネオジム磁石の強力な磁力をエネルギ源として使用し、トルク脈動を生じさせる鉄心を使用しない「**裸の起電コイル**」の発電による電力は、そのトルク脈動が無いために滑らかに回転し、高速回転の小形のＤＣモータによって発電され、しかも発電素子の複数起電コイルが発電する交流電力は独立しており、直列接続あるいは並列接続で別個に取り出して利用できることです。

それに、発電素子の起電コイルを増やしても動力源の小形ＤＣモータの負担にならず、発電した「**回生電力起電コイル**」から交流電力を直流に変換してバッテリに充電し、小形ＤＣモータに給電し連続回転させることができますので、「**回生電力**」によって小形ＤＣモータが回転している限り発電し続けます。

これまでの実験を通し、偶々小形ＤＣモータに給電した乾電池の電力を上回る電力を発電した「**トルク脈動レス発電機**」だけに、「供給電力を上回る出力電力の大差」をテスタの表示電圧値によって目に見える形で確認しました。わずか DC9V の乾電池の電力で AC22V の交流電圧を起電するテスト機「**トルク脈動レス発電機**」のエネルギ源は、使っても使っても枯渇しないネオジム磁石の強力な「磁力」であり、「永久磁石」の名に相応しい「永久不滅のパワー」なのです。バッテリおよび駆動用直流モータのメンテナンスを除けば、ガソリン、軽油、重油、石炭、天然ガス等の化石燃料あるいは核燃料を消費しないで稼働する正に「永久機関」そのものです。

実験では、小形ＤＣモータの電源にアルカリ乾電池の電力を供給しましたが、起動時の当初から蓄電量の大きなバッテリに代えても矛盾がありません(図 2-14)。

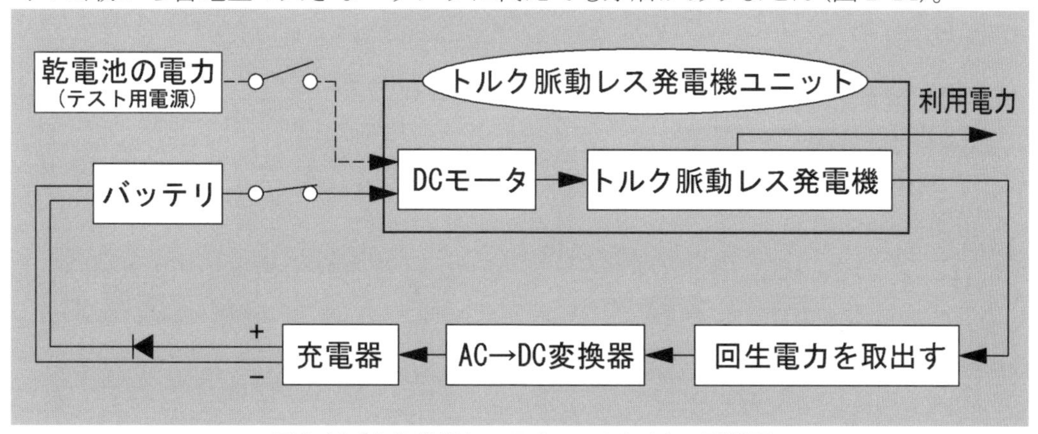

図 2-14「永久発電システム」のリサイクル系統図

因みに、自動車の「電力システム」は、化石燃料のガソリンや軽油を燃焼させて動力を生む内燃機関の動力の一部を取り出してオルタネータを介して発電し、その交流電力を直流電力に変換し、バッテリに蓄電し、照明ランプなどを灯し、ワイパモータやエアコンを稼働させています。この電力システムのエネルギ源は、無尽蔵ではない化石燃料であり、それを消費してしまえば内燃機関が停止し、「電力システム」も停止します。つまり、「**永久機関**」の電力システム循環ではありません。

内燃機関の代替動力源として燃料電池をエネルギ源として走行モータを駆動するための燃料電池自動車の電力も「燃料電池」に使用する水素が必要ですから、別途に水素を生産するための電力を必要としますので、電力システム全体ではガソリンや軽油を消費する内燃機関の構図と何ら変わりません(図2-15、図2-16)。

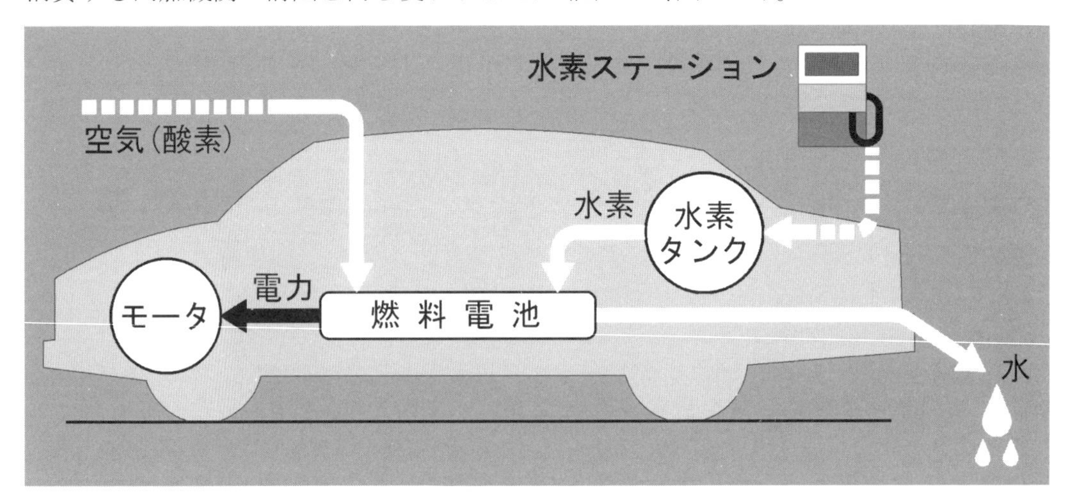

図2-15 燃料電池自動車のしくみ

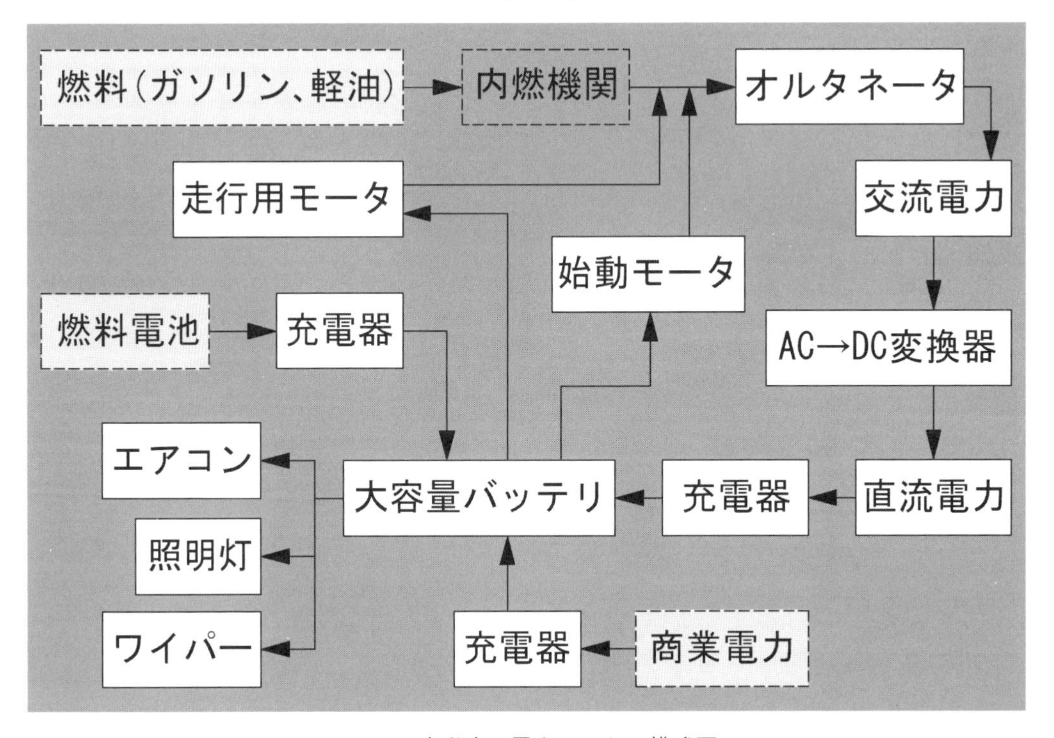

図2-16 自動車の電力サイクル模式図

火力発電に使用する石炭、重油や天然ガスの化石燃料はいずれ枯渇し、原子力発電の核燃料も枯渇します。水力発電用の貯水はお天気頼みであり、日照り続きで降雨が無くてダムの貯水量が底をつけば生活用水ばかりか発電もままなりません。

風力発電は、風任せの不安定な発電であり、主要電力の供給源とはなりません。太陽光発電とても日中でも曇りや雨天では機能せず、夜間には機能しないことも敢えて言うまでもありません。

「**トルク脈動レス発電機**」の連続稼働システムは、小形ＤＣモータを高速回転させて「ネオジム-鉄-硼素磁石」の強力な磁束で導線を横切る「フレミングの右手の法則」によって発電を実施すると、わずかな直流電力を供給して「**有り余る交流電力**」を発電できる事実です。その有り余る電力の一部を回生電力として直流に変換して蓄電し、小形ＤＣモータにフィードバックして発電を続けることができるのです。

枯渇しない永久磁石の磁力をエネルギ源としているために未来永劫発電し続けるコストフリー、無公害の電力創生システムです。これによって「**永久機関は存在しない**」としていた通説が覆ります。

現行の自動車の「電力システム」が動力源のエネルギを化石燃料に頼っていますので「**永久機関**」の条件を今一つ満たしていないのですが、これを「**無限の磁力パワー**」に代えれば「**永久機関**」の条件を満たすのです。

＊＊＊＊＊＊＊＊＊＊＊＊＊＊＊＊ コラム ＊＊＊＊＊＊＊＊＊＊＊＊＊＊＊＊

20 世紀の大ヴァイオリニストと呼ばれる**ヨーゼフ シゲティ**(1892-1973)と共にヴァイオリニストの大御所**ヤッシャ ハイフェッツ**(1901-1987)は、3 歳になるとヴァイオリンを弾き始めましたが、その 1 ヶ月 16 日前の 1903 年 12 月 17 日にアメリカではライト兄弟が飛行機の初飛行に成功していました。当時のドイツを代表する物理学者ヘルマン ルトヴィヒ フェルナンド F. フォン ヘルムホルツ(1821-1894)が唱えていた「**飛行機は夢物語、実用化は出来ない**」としていた見解を見事に覆した快挙でした。

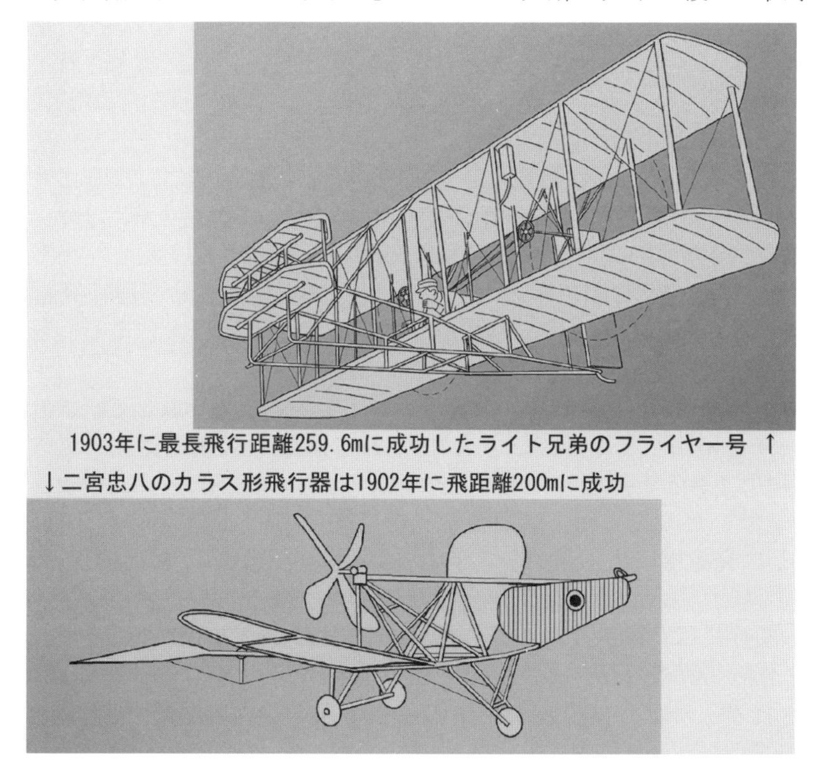

1903年に最長飛行距離259.6mに成功したライト兄弟のフライヤー号 ↑

↓二宮忠八のカラス形飛行器は1902年に飛距離200mに成功

しかし、飛行機の発明はライト兄弟ではなく、1902 年にカラス形飛行器の実証グライダーの飛行テストに成功していた日本の発明家**二宮忠八**(1866-1936)でしたが、1894年に実際の飛行機の設計図を描き、日本陸軍の**長岡外史少佐**にその製作を申請していたものの、ことごとく却下されていたために悔し涙を呑んだのでした。

人知の浅はかの極み、ライト兄弟の初飛行に対しても科学雑誌サイエンティフィック アメリカン、ニューヨーク チューンズ、ニューヨーク ヘラルドなどの情報メディア、それにアメリカ合衆国陸軍、ひいてはジョン ホプキンス大学の数学・天文学教授サイモン ニューカムを始めとする各大学の教授や科学者などが「**機械が飛ぶことは科学的に不可能**」として、実証された飛行成功の事実を認めようとはしなかった歴史的事実があります。インテリゲンチャとされる人々の言う「**科学的に不可能･･･**」の尤もらしい根拠は、其の実「**根拠のない根拠**」であって全くもって怪しいのです。

＊＊＊＊＊＊＊＊＊＊＊＊＊＊＊＊＊＊＊＊＊＊＊

ライト兄弟の初飛行から111年を経た21世紀の今日2014年、枯渇しない永久磁石の磁力をエネルギ源とする「**トルク脈動レス発電機**」の連続発電システムは、筆者の実験で確認されている事実ですが、今日のインテリゲンチャとされる人々ばかりでなく、一般の人々の誰もが追試して同じ結果を得ることができます。

今まで「**永久機関は存在しない**」とされていたのは、誰ひとりとして「**永久機関**」を製作できなかったからであり、それを根拠として「理論的に不可能」の「**根拠のない根拠**」を多くの人々が信じていたに過ぎません。

2.5「トルク脈動レス発電機」は21世紀の「エネルギ革命」をもたらす

テスト用試作機を製作・実験して「**トルク脈動レス発電機**」の「**優れモノ**」振りを実感しましたが、元々がインターネットのサイト(www3:kct.ne.jp)に紹介されていた風力発電用の発電機として、8極起電コイルで回転数が最大850rpm(約113Hz)時にAC80Vの起電力でした。発電機駆動用風車のサイズが直径約1mとありましたのでテスト用試作機用小形ＤＣモータの回転数8,450～8,550rpmの高速回転にはなりません。インターネットのサイトの著者は、小形ＤＣモータを使用して高速回転させた「**トルク脈動レス発電機**」の起電力の大きさを経験していないと推測されますし、小形ＤＣモータで発電した電力の一部を回生電力としてフィードバックさせて連続発電させることも経験していないと思われます。つまり、風力を利用した風車による回転を動力源にした発電機の範疇に止まっています。

筆者とても、当初は「風力発電用の発電機」との認識でスタートしていましたので、小形ＤＣモータを使用して高速回転させた「**トルク脈動レス発電機**」が「永久発電システム」として利用できるとは思ってもいませんでした。実験していて「**アッ、発明しちゃった！**」と気付いたのでした。動力源を風車に拘っていましたら「**永久機関**」になる「**トルク脈動レス発電機による電力システム**」は埋もれたままの「**巨万の宝**」でした。

テスト機の製作には日曜大工用の工作機械を使用していますが、工作機械自体の精度が低くて工作物の精度に限界がありました。回転軸の直線度や同心度を工作技術でカヴァーしきれず、かなりの振動の発生によるトルクのロスがあり、「モータ → 発電機」の電力変換効率の低下があります。

テスト機の振動は、工作技術の精巧さのほかに、精巧と思われがちな小形ＤＣモータ自体の震動もあります。それを空回ししてタコメータで回転数を測定しますと表示された回転数にはかなりのバラツキがあることで分かります。

工作機械自体の精度、工作技術の「精巧さ」が振動発生の原因には違いないのですが、当初テスト機のモータと発電機間の「カップリング（自在継ぎ手）」をアルミ製の「軸受取付け金具」で支えていましたのでその金具を取り外すことで振動軽減になりました。

試作機を製作の経験を踏まえて精度を上げたパワーアップ機を製作し、「**トルク脈動レスによる永久発電システム**」の総仕上げをすることにします。これまでの実験結果から「**トルク脈動レスによる永久発電システム**」の特徴をまとめてみます。

【トルク脈動レスによる永久発電システムの特徴】

① 原動力に高速回転の小形～中型ＤＣモータを使用する（実験用テスト機では小形ＤＣモータにDC9Vを入力し、AC44Vの出力を実証済み）
② 原動力の小形～中型ＤＣモータには自らの発電電力の一部を直流に変換し、バッテリに充電して回生電力として使用する
③ 原動力の小形～中型ＤＣモータの高速回転数は、起電コイル発電機の負荷に影響されず、一定している
④ ＤＣモータは、バッテリから供給された電圧と内在する発電作用の逆電圧とバランスした状態で回転し、負荷変動が無いとほとんど電力を消費しない経済効果がある
⑤ 小形～中型ＤＣモータへの回生電力は、バッテリに蓄電して使用できる
⑥ 小形～中型ＤＣモータは、自らの回生電力によって「**永久駆動源**」として稼働する
⑦「**トルク脈動レス発電機**」の起電コイルは独立しており、起電コイルの増設が自由
⑧「**トルク脈動レス発電機**」の起電電力は、交流または直流として別個に利用できる
⑨「**トルク脈動レスによる永久発電システム**」のエネルギ源は強力な永久磁石パワーであり、永久磁石の保持力が維持される限り利用できる
⑩「**トルク脈動レスによる永久発電システム**」は、化石燃料・水力・風力のどれも不要、とりわけ「化石燃料の購入費ゼロ」は発電コストを大幅に低減する
⑪「**トルク脈動レスによる永久発電システム**」は、永久磁石パワーを利用した「コンパクトな発電システム」であり、自動車・架線なし電車・自家発電設備・一般家庭用戸別電力などすべての電力システムに利用できる
⑫ 「**トルク脈動レスによる永久発電システム**」は、設備に場所をとらず、水素を生産する必要がないクリーン エネルギの発電システムであり、火力発電のような化石燃料による大気汚染排気ガスを出さない
⑬「**トルク脈動レスによる永久発電システム**」を内燃機関で走る自動車に使用することで大気汚染排気ガスを大幅に削減できる

以上①～⑬項目を列記して、「**トルク脈動レスによる永久発電システム**」を総括してみました。ふり返れば、十八世紀半ば頃イギリスのジェームス ワットによって発明された蒸気機関に石炭や石油を燃やして生産技術に利用した産業革命以降、液化天然ガスも加わり、核分裂によるエネルギを利用した原子力発電、ひいては風力発電、太陽光発電を産業に市民生活に利用していますが、永久磁石利用の「**トルク脈動レスによる**

永久発電システム」は、21世紀の「**エネルギ革命**」になります。

小さなＤＣモータを回して「**トルク脈動レス発電機**」による電力で無公害の自動車が走り、架線レスの電車が走り、自家発電で家庭の電力を賄う社会の誕生です。

2.6「トルク脈動レス発電機」のサイズアップ機の設計と製作

当初のテスト用試作機が試行錯誤の末に「**トルク脈動レスによる永久発電システム**」を発見させてくれましたが、その試作機のサイズが小さくて起電コイルの数に限界がありました。その経験を踏まえて、サイズアップした実験機では起電コイル(φ30/φ12 t=9)の数を6個にし、ネオジム磁石(φ15 t=10)を4個にして両者を排列した回転直径をφ72にしました。

当初の試作機と比較する目的でネオジム磁石の数を4個に合わせて発電周波数をそろえました。起電コイルのサイズもφ30/φ12 t=9 も同じにして数のみを増やしました。ネオジム磁石の排列回転直径が大きくなり、起電コイルの排列直径と一致させましたのでネオジム磁石の磁力線の通過軌跡が起電コイルの中心部を通過しますので起電力がアップすると考えました(図2-17)。

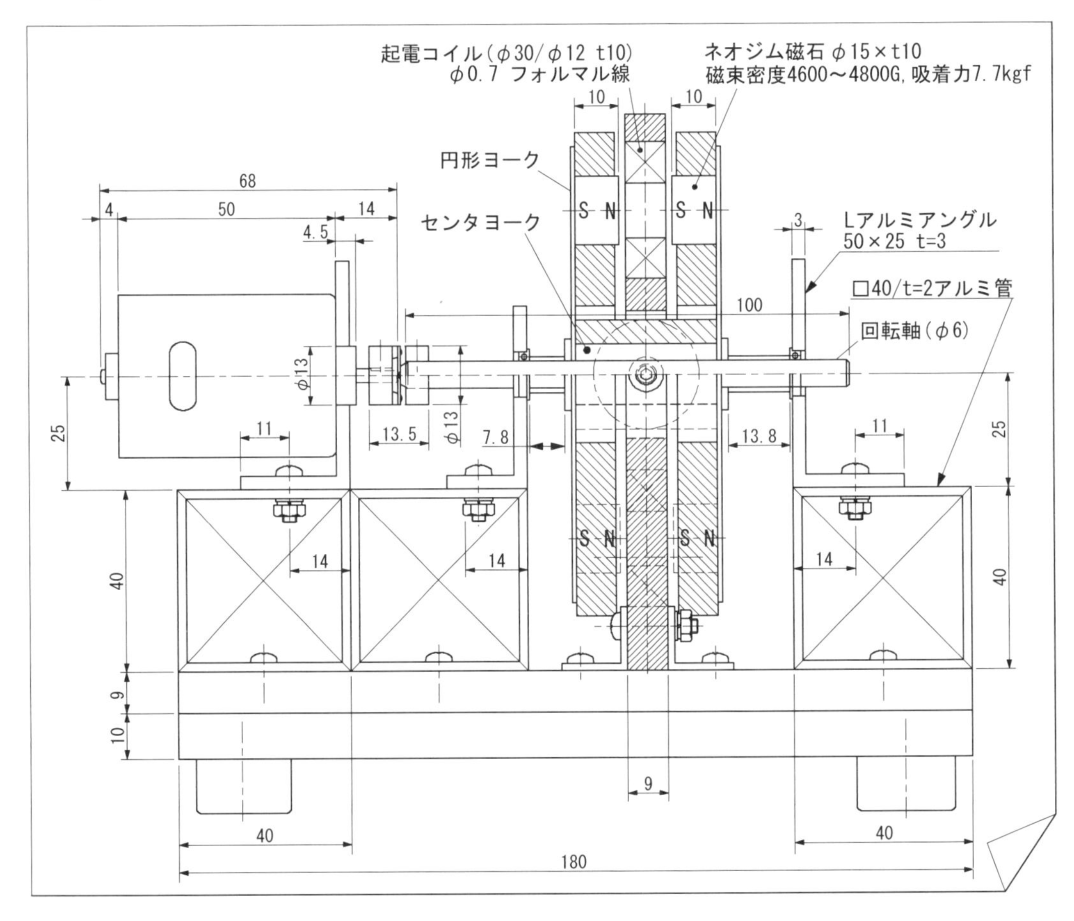

図2-17 起電コイル6個を設けたトルク脈動レス発電機の組立図(側面図)

サイズアップした実験機では、ネオジム磁石が張り付いている軟鉄製円形ヨーク、ベニヤ板製磁石位置決め円板、ヨークセンタやねじ類の総重量が300gとなり、当初の試作機200gの1.5倍になりますので小形ＤＣモータと発電機を接続する「ディスク形カップリング」に負担をかけないために、ミネチュア軸受を組み込んだアルミアングル支点を設けました。初期のテスト機では工作精度が低くて振動発生源ですので取り外しましたが、サイズアップ実験機では必要と判断しました。

なお、起電力が永久磁石の移動方向と起電する導線の向きによって異なることについては、前出の図 2-10「起電コイル直径の 70%を超えるサイズの永久磁石は非効率」を参照してください。

機械設計を生業としてきた筆者が製造する場合には不可欠の寸法が入っている図 2-17 の側面組立図にはなれていますが、これだけでは不十分で上面図と軸方向から見た正面図が必要です。しかし、機械の全容を一枚の図で表現できる「見取図(イラスト)」は、設計者自身だけではなく誰にとっても分かり易いので重宝します(図 2-18)。

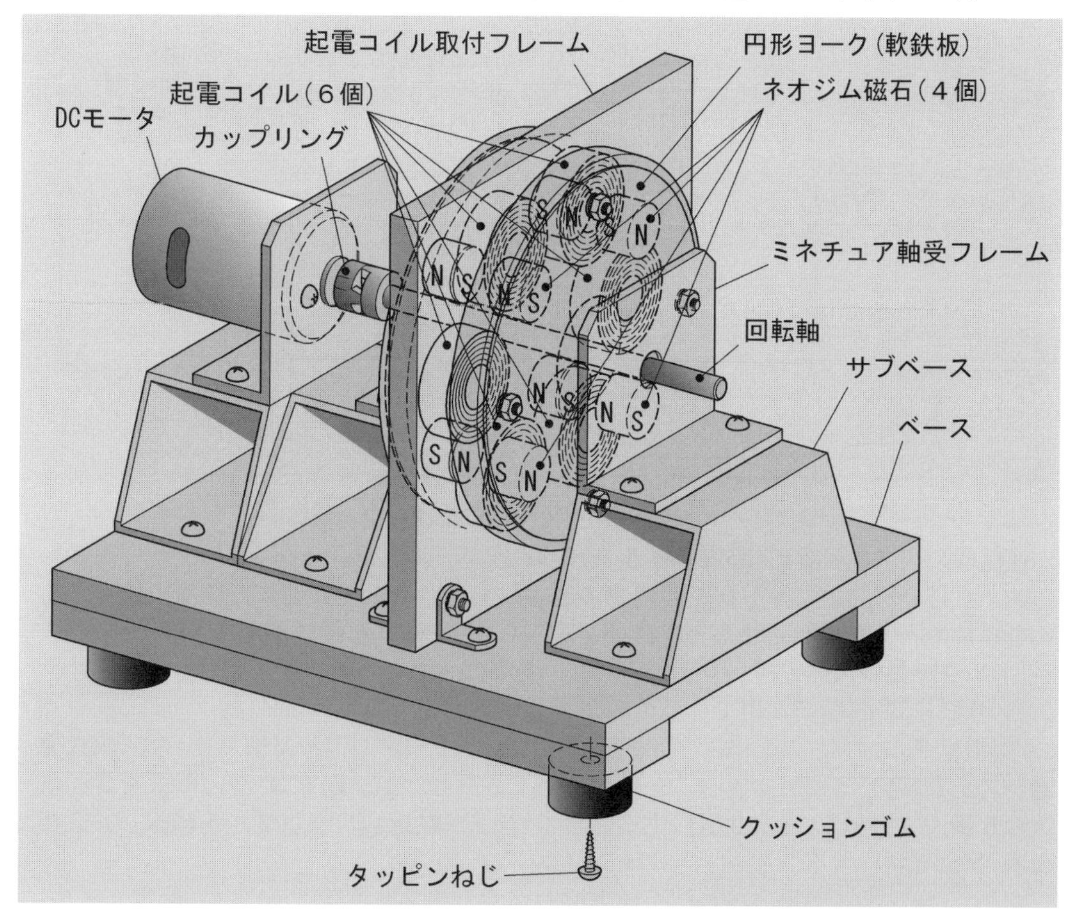

図 2-18 起電コイル６個を設けたトルク脈動レス発電機の概略見取図

2011年3月11日の東日本大地震の津波を被った東京電力福島第一原発の全電力喪失は、専ら発電を生業としている電力企業にしてはあるまじき失態、万が一の備えとして、福島第一原発以外にある事業所からの送電を想定していなかったのにはあきれました。「千慮の一失」として弁護する気にもなれません。

「**トルク脈動レスによる永久発電システム**」実験機には、「予備の駆動モータ」を設置する必要ありませんが、機械はヒトの手による産物ですから不具合や故障が付きもの、実用化する段階では必要と思います。

偶々、実験機のＤＣモータの反対側が空いていますし、モータも発電機も同一直線軸上にありますのでデュアル モータの設計は容易です。通常の運転時にはクラッチを切っておき、主モータが故障した場合には予備の駆動モータに切り替える方式を図にしてみました(図 2-19)。実用化する場合にも利用できるアイデアです。

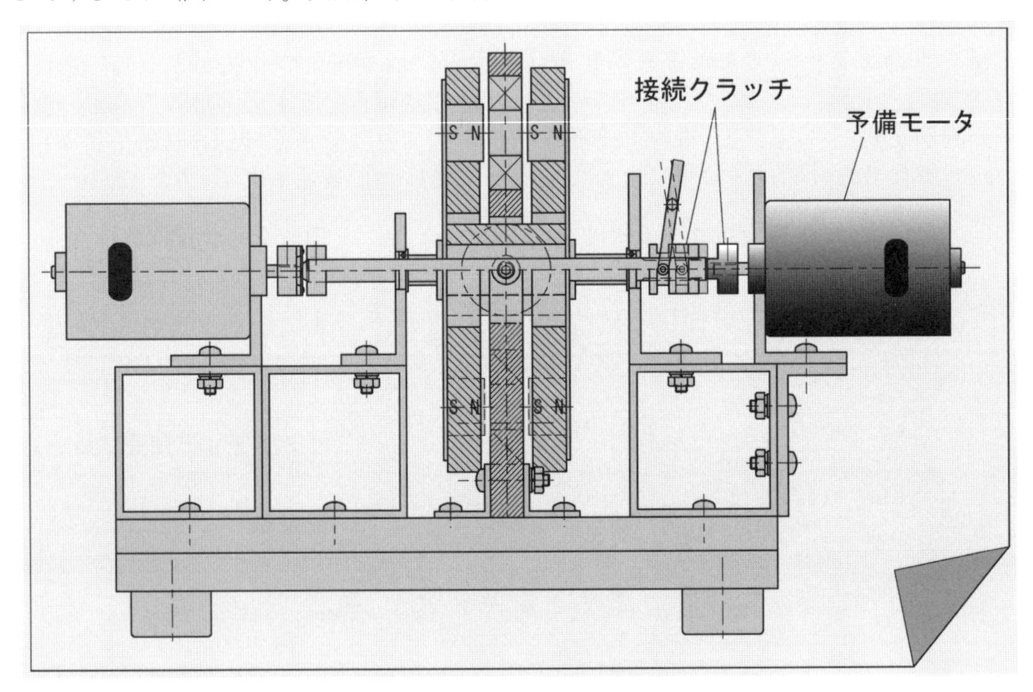

図 2-19 予備駆動モータ付きトルク脈動レス発電機

複数個の小さな直径の「**起電コイル**」を円周上に等分して排列・固定し、その両側から同一直径の円周上に等分排列したネオジム磁石を納めた非磁性体の円板で挟み、それをＤＣモータで回転させると、排列・固定した各々の「**起電コイル**」に電圧が発生する「**トルク脈動レス発電機**」の最大特徴は、「**起電コイル**」による発生電力を「直列接続」あるいは「並列接続」で利用できることです。

「起電コイル」の発生電力の一部を回生して駆動モータの電源に振り向けて「**永久発電システム**」として利用できることは前述してきましたが、「**起電コイル**」の数を３の倍数の６個、９個あるいは12個にすることで「スター結線」または「デルタ結線」の「３相交流」として利用することもできます。

昭和20年前半に実用化された三洋電機製作所のリム発電機は、4個の「**起電コイル**」を直列接続して前照灯に必要な電力を確保しただけに留まりましたが、本書で採り上げます「**トルク脈動レス発電システム**」は、今日まで誰ひとりとして気付かなかったフレミングの「右手の法則」による発電現象を忠実に履行し、「永久発電機」として利用できる道筋を付けました。

以下に、「**起電コイル**」による発生電力をどのように活かすかを図解します(図 2-20)。

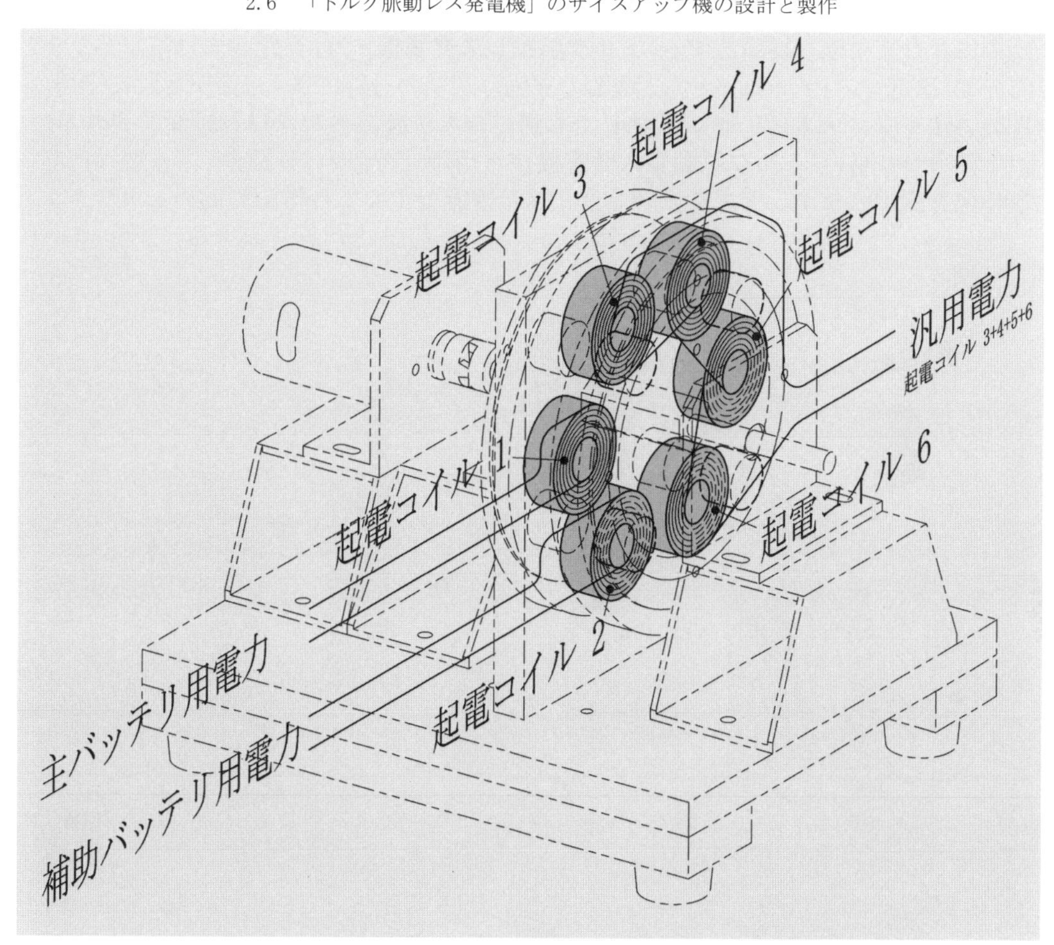

図 2-20 起電コイル６個を設けたトルク脈動レス発電機の出力電力内訳イラスト

６個の「起電コイル」の内訳として、この発電システムの原動力となるＤＣモータへの回生電力として、「起電コイル 1」および「起電コイル 2」により発生した交流電力は、最重要の発電源として確保し、発生したその交流電力そのままでは蓄電できませんので一旦直流に変換してバッテリに充電します。

汎用交流電力はそのままでも使えますが周波数を変換して商業電力の 50Hz あるいは 60Hz に合わせた方が良いでしょうし、直流に変換してバッテリに充電することもできます。バッテリに充電した直流電力は、インバータを介して約８～10%のロスを生じますが再び交流電力に変換することができます。

1882～1887 年にかけて、発明王と言われるトーマス エジソンが経営する直流電力システムのエジソン電灯会社と交流電力のウェスチングハウス社の社主ジョージ ウェスチングハウスとの間で「直流電力システム」と「交流電力システム」の主導権争いがありました。偶々1887 年に電線に使用する銅の価格が高騰し、太い電線を採用していたエジソン電灯会社にとっては不利でしたし、また、直流電力には「送電ロス」があるために電力を利用する需要家の近くに発電所を設置しなければならないこともあり、これに対して変圧器の特許権を買い入れたウェスチングハウス社の交流電力システムでは細い電線で送電し、必要に応じて変圧することで、決着がつきました。

因みに、自家発電を建前とする「**トルク脈動レス発電機**」では長距離の送電が要りませんので「送電ロス」がありません。機器の発明は科学の分野に属し、発明された機器、発明の方法やシステムは、誰が追試しても同じ結果が確認されなければなりません。

以下に分かり易い「**トルク脈動レス発電機**」の分解図(図 2-21)を紹介し、主要な部品の製作図を開示します。実用に供せるサイズと性能ですので自作をお勧めします。

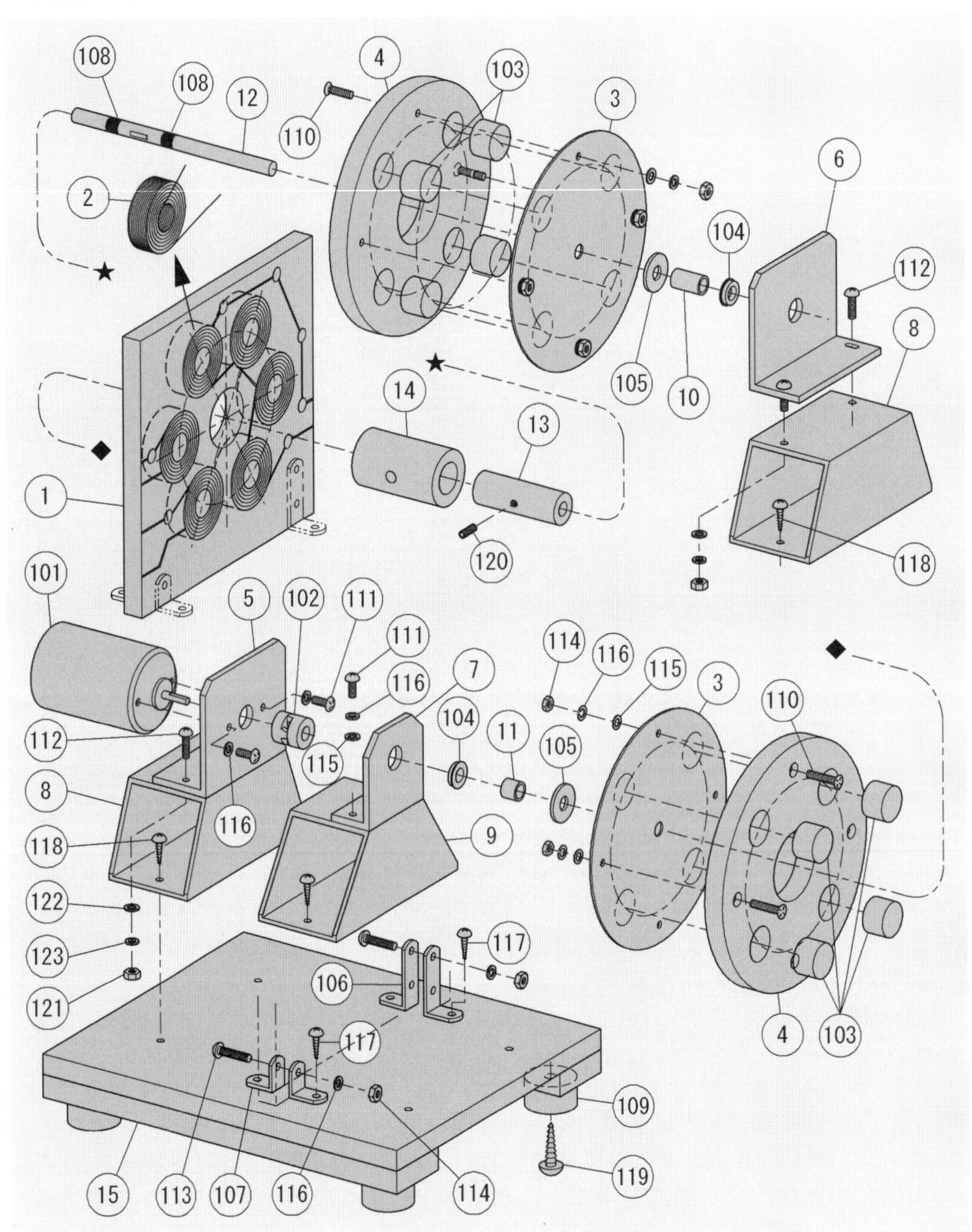

図 2-21 起電コイル６個を設けたトルク脈動レス発電機の分解図

部品表

A 製作部品

番号	部品名称	個数	材質、型式
1	起電コイル取付板	1	シナベニヤ板 t=9
2	起電コイル	6	ホルマル線 0.7mm
3	円形ヨーク	2	SPCC t=0.6
4	磁石位置決め板	2	シナベニヤ板
5	モータ取付アングル	1	アルミアングル 25×40
6	端部アングル	1	アルミアングル 25×40
7	中間アングル	1	アルミアングル 25×40
8	サブベース	2	□40 t=2 アルミ管
9	中間アングルベース	1	□40 t=2 アルミ管
10	間隔管(長)	1	真鍮管 φ8/t=1
11	間隔管(短)	1	真鍮管 φ8/t=1
12	回転軸	1	SUS304 φ6 研き
13	ヨークセンタ	1	内径基準SS400厚肉管
14	ヨークセンタ外筒	1	檜丸棒
15	ベース	1	シナベニヤ板

B 購入部品

番号	部品名称	個数	サイズ、型式
101	小型DCモータ	1	RS-540SH
102	カップリング	1	MCKS13-LDC3.2-6
103	ネオジム磁石 φ15×10	4	HXNH15-10
104	SUSミネチュア軸受	2	SFL676ZZ
105	ワッシャ φ16/φ6 t1.0	2	M5用を追加工
106	ミニ曲げ板(短)	2	市販品
107	ミニ曲げ板(長)	2	市販品
108	銅箔テープ	8	市販品
109	クッションゴム脚	4	市販品
110	SUS皿小ねじ M3×15	8	市販品
111	SUSなべ小ねじ M3×8	4	市販品
112	SUSなべ小ねじ M4×12	4	市販品
113	SUSなべ小ねじ M3×15	3	市販品
114	SUS六角ナット M3	11	市販品
115	SUS平座金 φ3	10	市販品
116	SUSばね座金 φ3	15	市販品
117	SUSタッピンねじ M3×10	4	市販品
118	SUSタッピンねじ M4×12	6	市販品
119	SUSタッピンねじ M5×15	4	市販品
120	六角穴付き止めねじ M3×8	2	市販品
121	SUS六角ナット M4	6	市販品
122	SUS平座金 φ4	6	市販品
123	SUSばね座金 φ4	6	市販品

※ 番号101はマブチ、102、103、104はミスミの型式

写真 2-8 起電コイル6個を設けたトルク脈動レス発電機テスト機の完成品(モータ側)

写真 2-8a 起電コイル６個を設けたトルク脈動レス発電機テスト機の把手付き完成品（モータ側）

写真 2-9 起電コイル６個を設けたトルク脈動レス発電機テスト機の完成品（反対側）

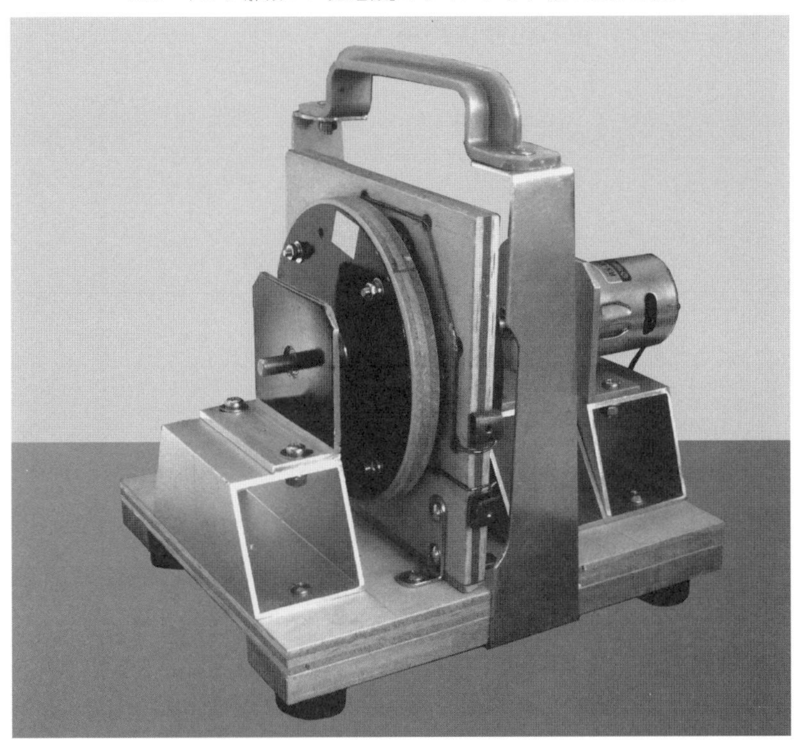

写真 2-9a 起電コイル６個を設けたトルク脈動レス発電機テスト機の把手付き完成品（反対側）

【製作図面】

①および②：起電コイル取付板、起電コイル

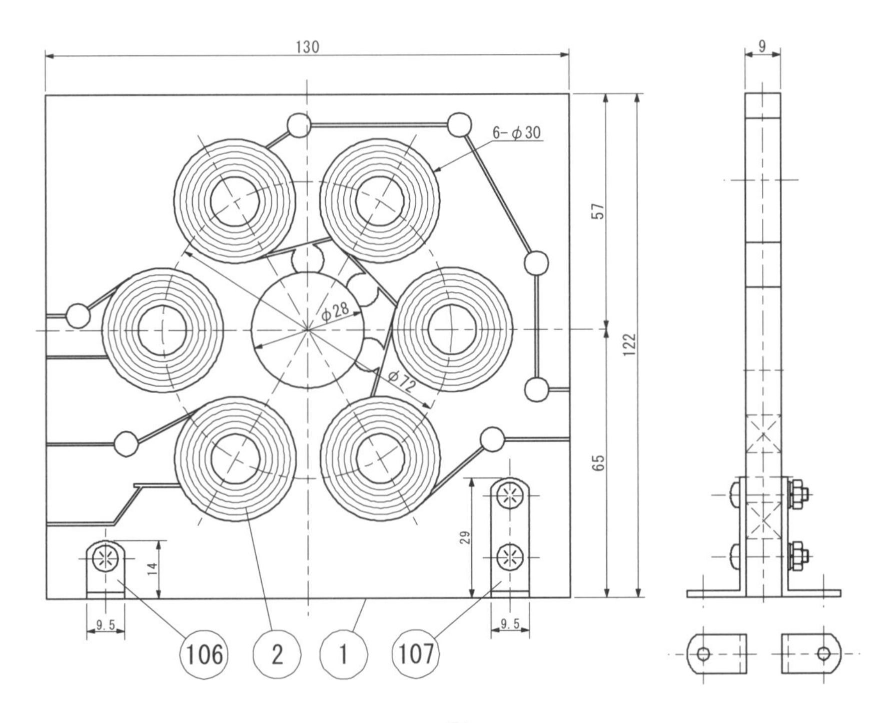

③および④：円形ヨーク、磁石位置決め板

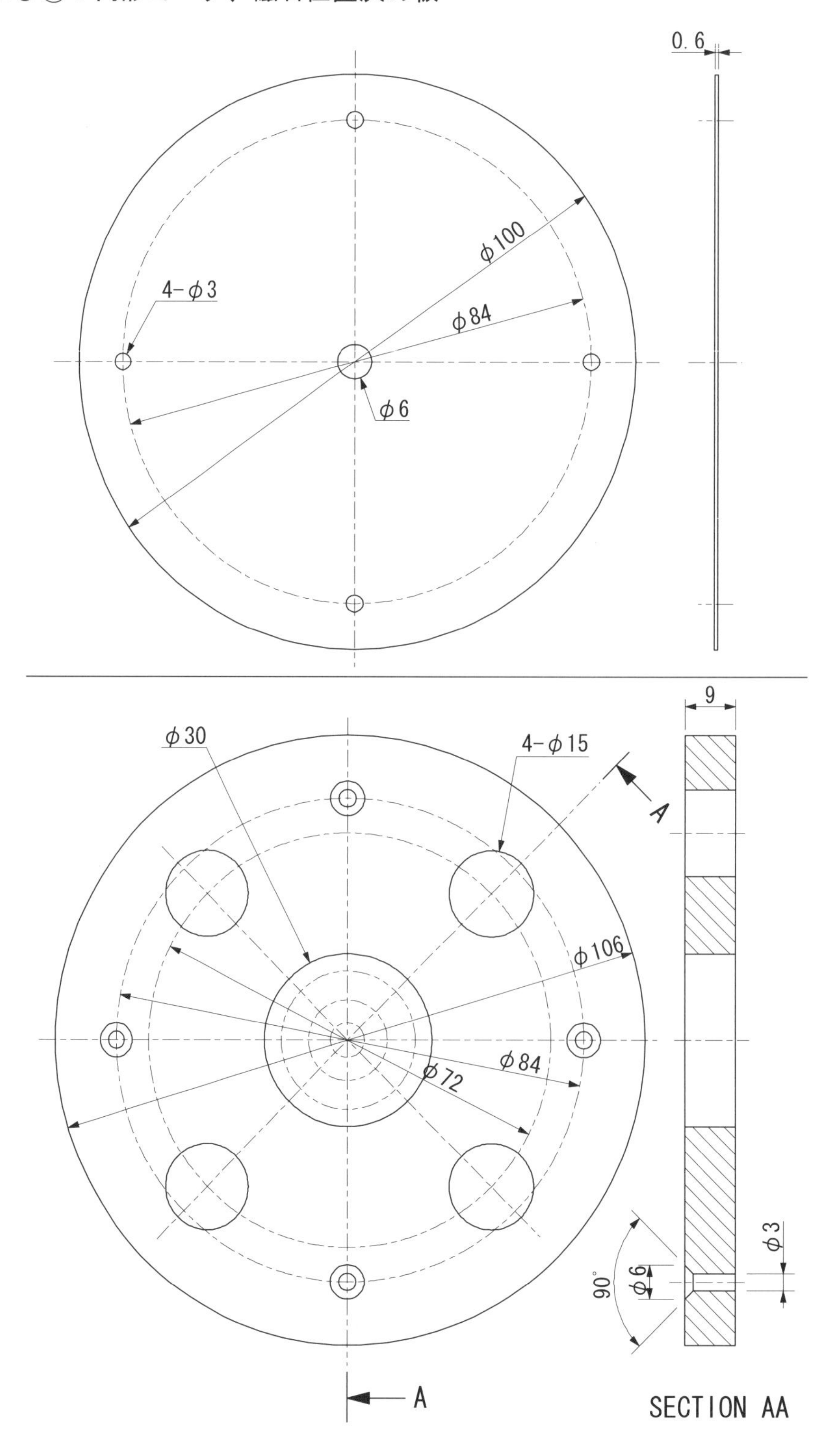

⑤、⑦、⑧および⑨：モータ取付アングル、中間アングル、サブベースおよび中間アングルベース

アルミアングル、アルミ角管は、寸法の精度が高く、加工し易い上に腐食しませんので素人の工作には適している金属材料です。ホームセンタで販売されていますので入手も容易ですし、品揃えも豊富です。

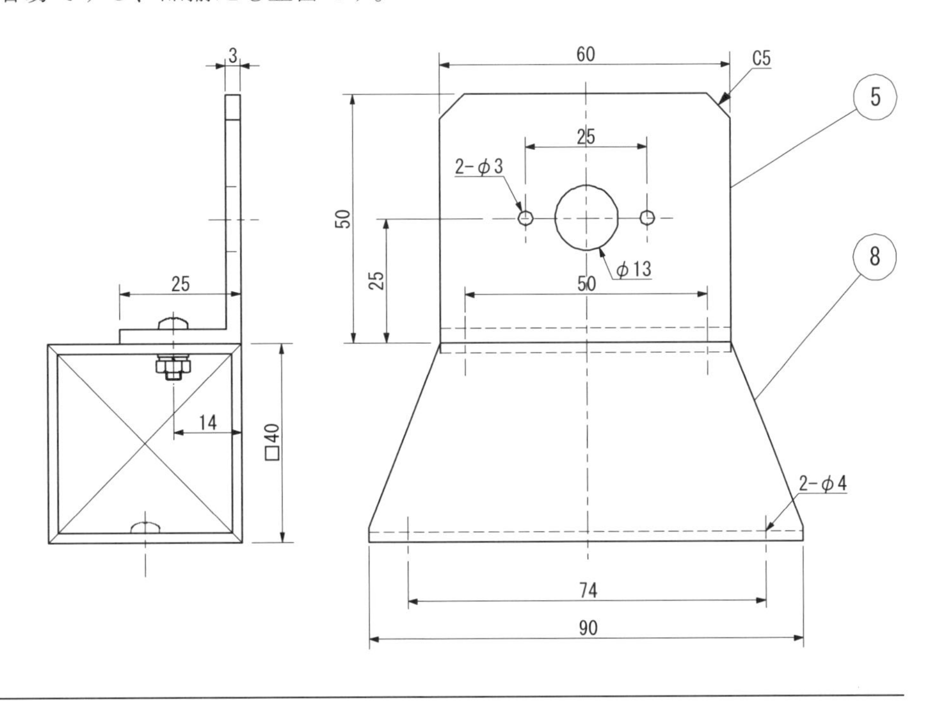

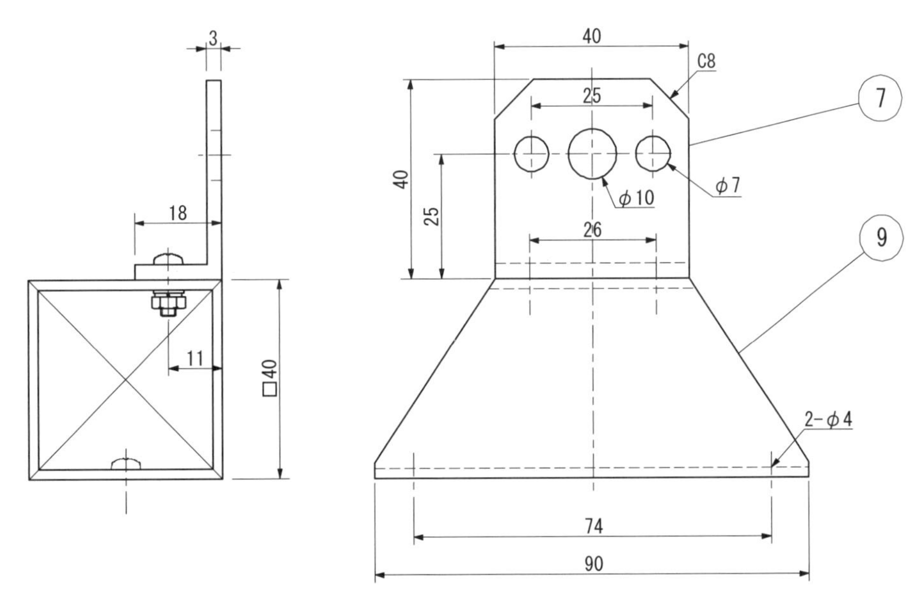

⑥：端部アングル

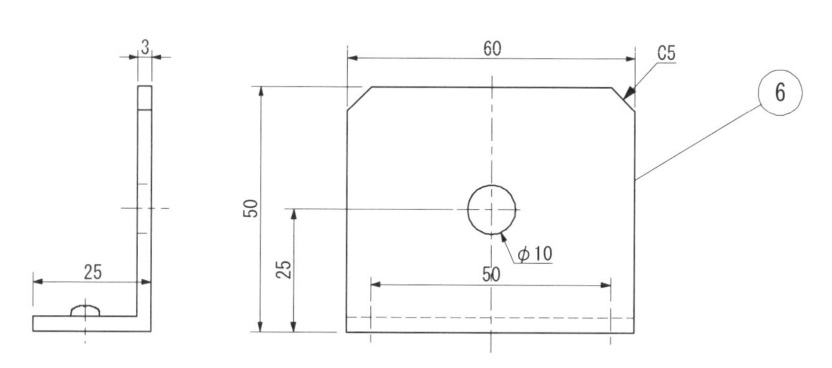

⑩～⑭：間隔管(長)、間隔管(短)、回転軸、ヨークセンタおよびヨークセンタ外筒

ヨークセンタは、木材でよいのですが円形ヨークと磁石位置決め板を回転させる回転軸のトルクを伝えるために鉄製にし、外形不足を木製筒でカヴァーしました。

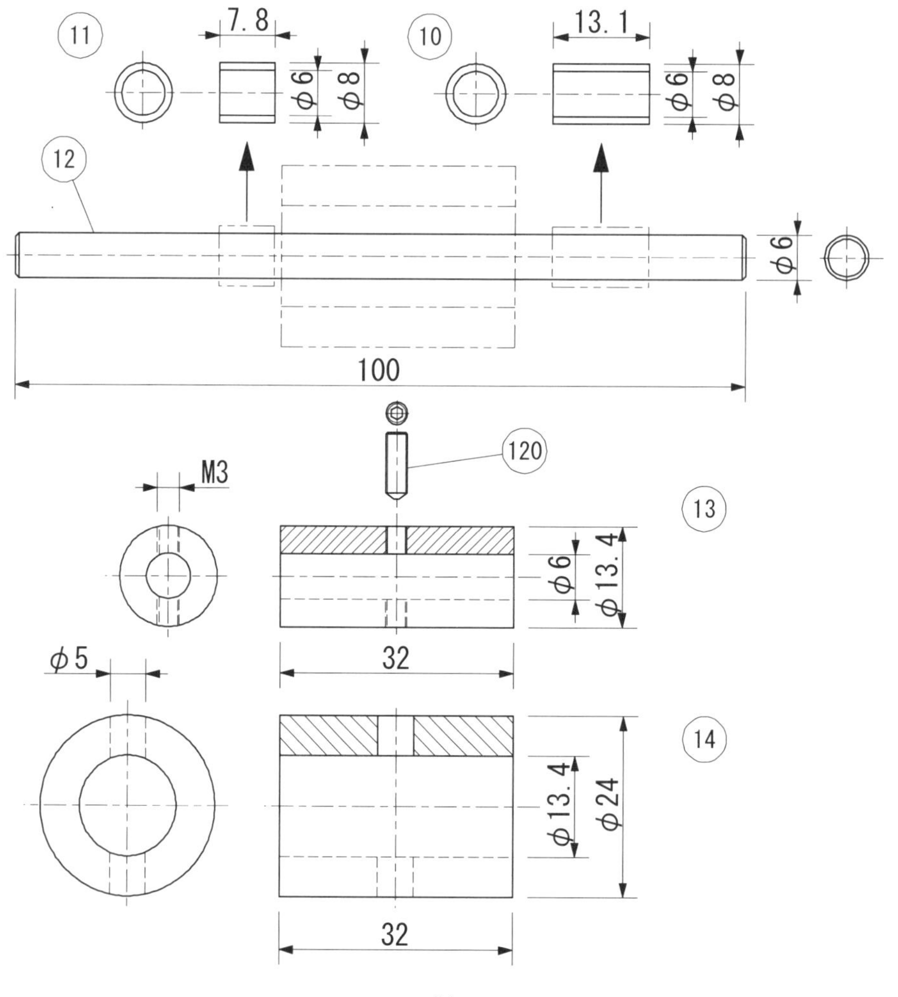

第3章　トルク脈動レス発電機の電力システム(Ⅱ)

3.1 サイズアップ「トルク脈動レス発電機」のテスト

サイズアップしたテスト機は、起電コイル6個を直列に接続した場合、起電コイル1個当たりの起電力をAC11Vと仮定すると合計AC66Vの勘定になります。駆動用マブチ製DCモータの消費電流が6.1Aと性能表に記されていますので、その通気口から内部を覗いてみるとφ0.6mmの巻き線を使用しているのが分かります。

サイズアップしたテスト機の起電コイルの巻き線もこれを参考にして、それよりもやや太いφ0.8mm のフォルマル線を使用しました。しかし、サイズアップ機以前のテスト機の巻き線はφ0.7mm でしたので「同じ外径×厚み」では巻き数が少なくなります。使用したφ0.8mフォルマル線の長さはφ0.7mmの場合の概ね半分でした。

最初の一個を巻いてみて巻き数が約半分になるのに気付いたものの、巻き数を増やすには起電コイルの巻き作業を除いて既に完成していた機器の改造設計・改造製作になり、しかも起電コイル6個を巻くのはなかなかの一仕事ですのでそのまま進めることにしました。つまり、起電力は巻き数に比例しますので起電力低下は予想されましたが、初めての試みですし、線径・巻き数・起電力の蓄積データがありませんので、とりあえず起電コイル6個を巻き終えてテスト機を実際に起動させて見ることにしました。

【電源の問題】

アルカリ乾電池6個を電源として駆動用のマブチ製 DC モータをテストしたのでは「消費電流6.1A」の大電流のために長続きしません。そのパッケージに記載されている性能表のデータが、「**性能は定電圧電源使用にもとづく**」とありますように、比較的長持ちするアルカリ乾電池の場合でも短時間で電力が降下してしまい、安定した性能を維持できません。そのために**定電圧電源**を使用しました。

そこで直流定電圧電源を購入することになりますが、最適な機器を確保するには試行錯誤の選定になります。

【購入した直流定電圧電源】

①アルインコ㈱製 DM-310MV（1-15V 可変、連続 8A）：モータ駆動・照明には全く不適。
商品説明が欠落していて、買った者が馬鹿を見る不良品に該当する。

公表の仕様に「**無線通信機用**」の開示がなく、また照明器具、モータやコンプレッサ、バッテリ充電器としては利用できない。10,800 円（税込み）

②㈱エー・アンド・デイ製 AD-8722D（DC0-20V 可変、5.0A）：電流 6.1A に足りない。

ディジタル電圧計・電流計を装備しているが、最大電流が 5.0A と開示されている仕様通りの商品です。しかし、マブチの駆動用ＤＣモータの使用には適さない。自社製の変圧器を使用し、強制空冷ファンを装備している。19,548 円（消費税含まず）

③コーセル㈱製 R50A-9（DC9V、5.6A）：最適。①と②の購入前に欲しかった製品です（写真 3-1、写真 3-1a）。

コンパクト、高性能、軽量、安価（税・送料・代引き手数料込み価格合計 6,326 円）。尼崎市の通販会社㈱モノタロウの Web 広告を検索して注文した。製品紹介に広告してあるものの、その納期が注文してから２ヶ月を要したオーダー品であり、今回の使用目的に叶った優れモノ。前出の①や②の機種が大重量の変圧器を使用していて総重量が①4.4kg、②3.7kg に比べてわずか 230g、筆者が手作りで追加した部品の 250g よりも格段に軽い超軽量。

写真 3-1 コーセル㈱の直流定電圧電源 R50A-9（出力：DC9V, 5.6A, W33×H85×D130）

＊＊＊＊＊＊＊＊＊＊＊＊＊＊＊＊＊＊＊＊＊＊＊＊＊＊＊＊

この製品は工場の配電盤に組み込んで使用するための電源で DIN レールに据え付ける仕様になっています。巨大で重たい変圧器、巨大な放熱器や強制空冷ファンを使用していないコンパクトなサイズ、それに贅肉を省いたパッケージには驚いています。

別刷りの取扱説明書は無く、段ボール紙製パッケージの背面に「INSTRUCTION(取扱説明)」として略図と簡単な英文の説明が印刷されています。

直流定電圧電源 R50A-9 OUTPUT:DC9V 5.6A, INPUT:AC100-120V 1.2A 50-60Hz

送料、代引き手数料、消費税込み、6,326円、モノタロウ 2014年7月25日受領

R50A INSTRUCTION

Note1. TERMINAL ASSIGNMENT/OUTPUT VOLTAGE ADJUSTMENT

■ WITH TERMINAL BLOCK

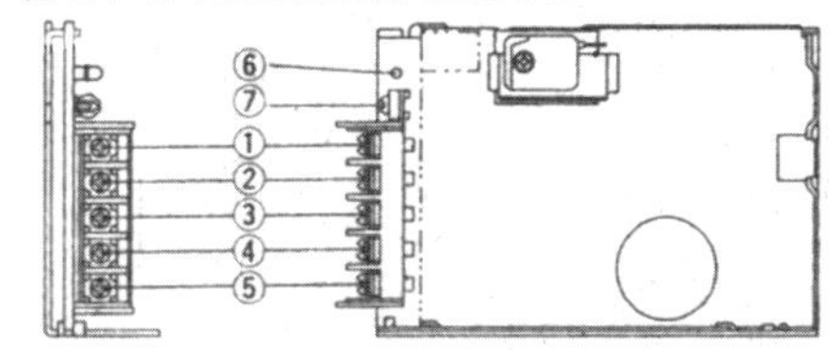

■ WITH CONNECTOR(OPTIONAL)

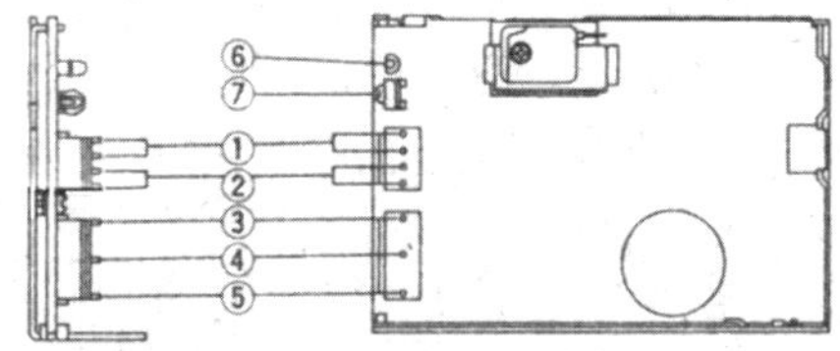

1 +Output terminal
2 −Output terminal
3 FG Signal ground
4 Input terminal AC(L)
5 Input terminal AC(N)
6 Output voltage indicator
7 Output voltage adjustment

Note2. OUTPUT DERATING

- Ambient temperature shall be considered according to the mounting method and availability of the case cover.
  See derating chart for proper use.

(1) Mount like this

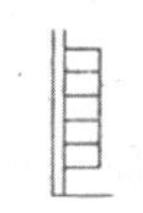

(2) Derating Chart

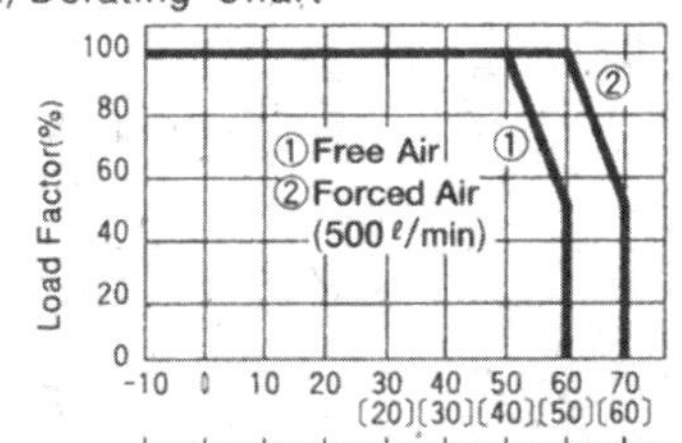

Ambient Temperature(℃)〔 〕: With Cover

COSEL CO.,LTD.

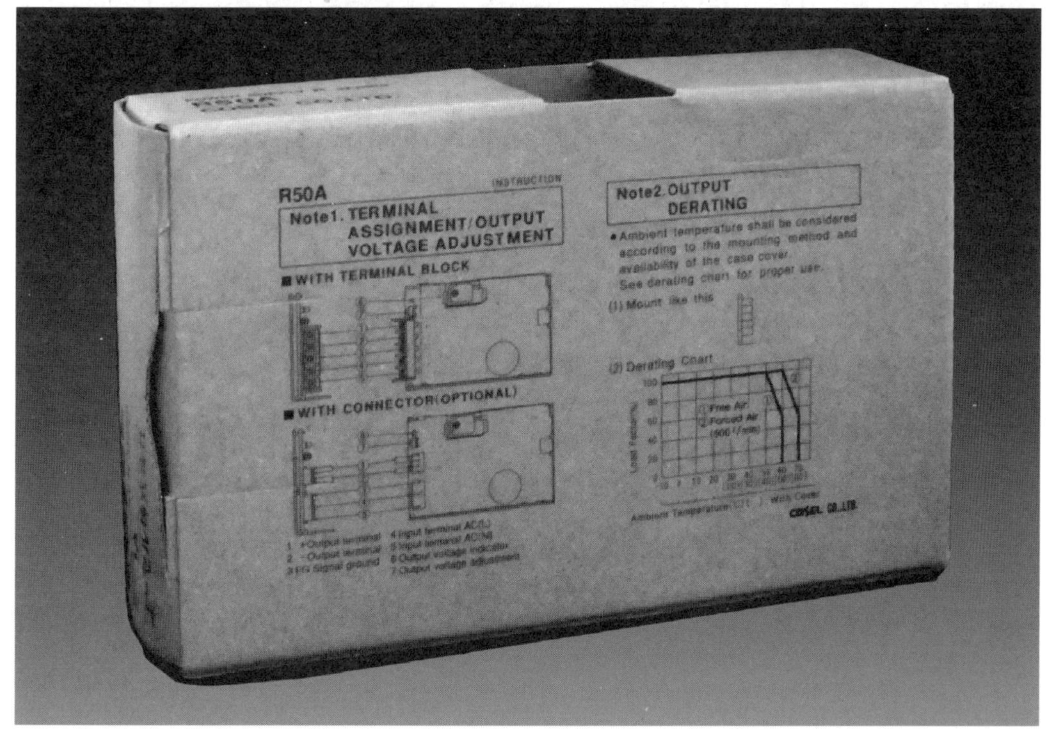

写真 3-1a コーセル㈱の直流定電圧電源 R50A-9 のパッケージに印刷されている仕様

優れた性能の製品ながら構造が丸見えの剥き出しですので、今回の使用に合わせて市販のスイッチを使用し、若干の部品を自作して扱いやすい形状に組み立てました。
プラス 500 円の「カヴァー付き」形もありましたが、発注時にそれを指定してもベースやスイッチは付いていませんので扱い易いように手を加えなければならず、カヴァーも作るつもりでしたので「カヴァーなし」形にしました。
ステンレスのパンチメタルは、厚さ 0.3mm で充分ですが、生憎厚さ 0.5mm の市販品しか入手できず、それの「曲げ加工」に苦労しました。アルミベースは市販材の長さに切断し、M3mm のねじ穴を加工して完成ですから簡単です（写真 3-2）。

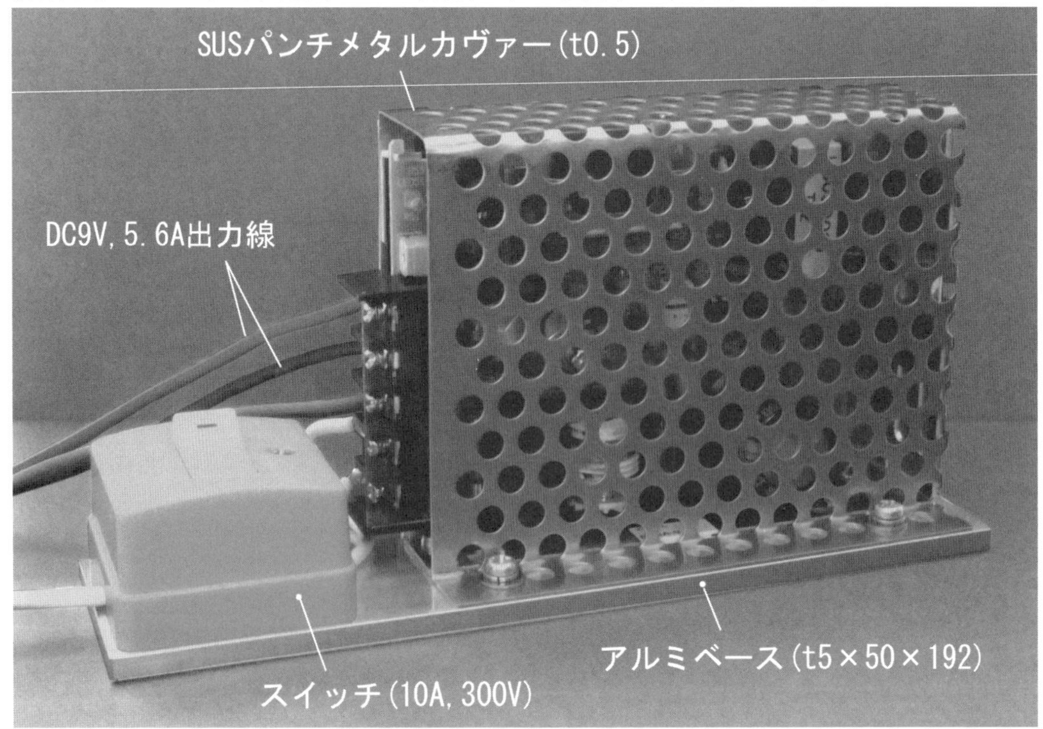

写真 3-2 コーセル㈱の直流定電圧電源に据付部品を加工・追加した写真

＊＊＊＊＊＊＊＊＊＊＊＊＊＊＊＊＊＊＊＊＊＊＊＊＊＊

起電コイル２個型テスト機の起電力は、新品のアルカリ乾電池を使用した時でも AC22V でしたが、コーセル㈱の直流定電圧電源 R50A-9（出力:DC9V, 5.6A）を使用すると起電コイル１個で AC12.5V（２個直列で AC25V）にアップしました（表 3-1 のＡ図）。
他方、サイズアップした起電コイル６個型テスト機では、起電コイルの巻き線が太く、巻き数が少なかったこと、更に回転磁石ユニットの重量が２倍の 300g になって負荷の慣性モーメントが大きくなり、回転数が 40%減少したために起電コイル１個当たり発生電圧が 4.5V に低下しました（表 3-1 のＢ図）。

回転磁石ユニットの重量を極力抑えて慣性モーメントを小さくし、起電コイルの数を６個から４個に変え、起電コイルの巻き数を増やした設計が得策と思いました。
「下手な鉄砲も数撃ちゃ中る」はまぐれあたり、「三度目は定の目」を期待して「起電コイル２個型テスト機」→「起電コイル６個型テスト機」に続いて「起電コイル４個型テスト機」を設計し、製作しました。

表 3-1 新旧テスト機の起電力比較

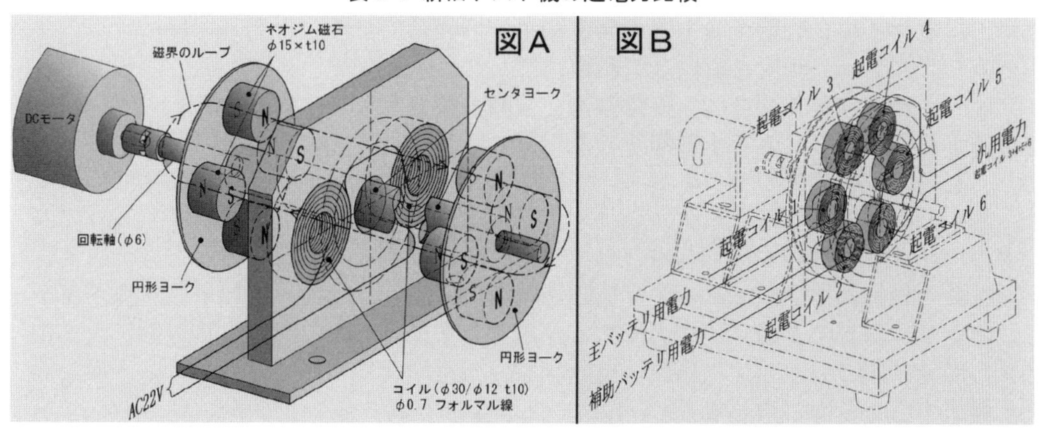

	図A	図B
テスト機の種類	起電コイル２個型	サイズアップ起電コイル６個型
起電コイルのサイズ	線径φ0.7のフォルマル線 φ30/φ10, t=9の起電コイル (使用した線の長さ:約14m)	線径φ0.8のフォルマル線 φ30/φ10, t=9の起電コイル (使用した線の長さ:約8m)
ネオジム磁石の状態	φ15, t=10 等間隔排列	←
排列数	４個	←
回転直径	φ36mm	φ72mm
回転体の外径	φ58mm	φ106mm
回転体の重量	150g	300g
使用した電源	コーセル製電源ユニット R50A-9	←
入力電力	AC100v 50Hz	←
出力電圧	DC9V	←
出力電流	5.6A	←
使用したモータ	マブチ製直流モータ RS-540SH	←
装置の回転数 *	10,300rpm	6,200rpm
起電コイルの発生電圧		
起電コイル１個	AC12.5V	AC4.5V
起電コイル２個	AC25V(直列接続)	AC 9V(直列接続)
起電コイル４個	—	AC18V(直列接続)
起電コイル６個	—	AC27V(直列接続)

＊ 回転数は㈱小野測器製ディジタル タコメータ HT-4100を使用

3.2 起電コイル4個型テスト機の製作—驚愕の高性能機—

前作の起電コイル2個型テスト機および起電コイル6個型テスト機共にＤＣモータと発電機の回転軸をつなぐカップリングは、ディスク形カップリングを使用しましたが、起電コイル2個型テスト機の発電機が小形軽量でしたので発電機側に支点のフレームとミネチュア軸受を省いた直結構造でした。

ディスク形カップリングは、駆動軸側と被駆動軸側を「カーボン繊維の十字形薄板」で接続する方式でしたので小形軽量の発電機を回転させるには充分と考えました。しかし、直流定電圧電源の DC9V、5.6A の電力で回すと約 10,000rpm の超高速回転になり、激しい振動の交番荷重に耐えられず、起電力測定のテスト完了後に突然カップリングの「カーボン繊維の十字形薄板」がバラバラに砕け散ってしまいました。

発電機の軸が約 10,000rpm の超高速回転の突然停止でしたから軸のモータ側が落下し、ネオジム磁石の1個が遠心力で吹っ飛んでしまいました。テスト初号機に改良を加えた満身創痍のものだけに再改造を断念し、新たに起電コイル4個型テスト機を設計・製作することにしました(図 3-1, 図 3-2 および写真 3-3)。

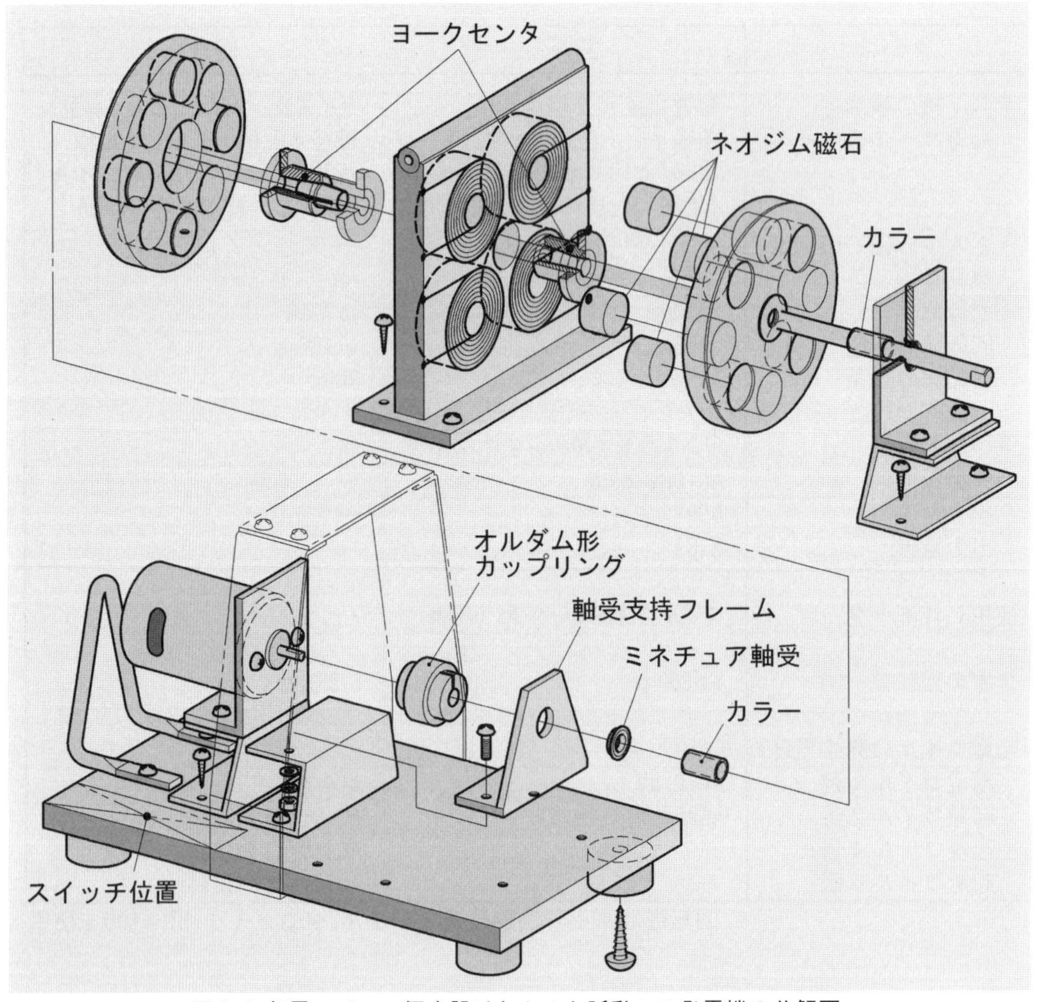

図 3-1 起電コイル4個を設けたトルク脈動レス発電機の分解図

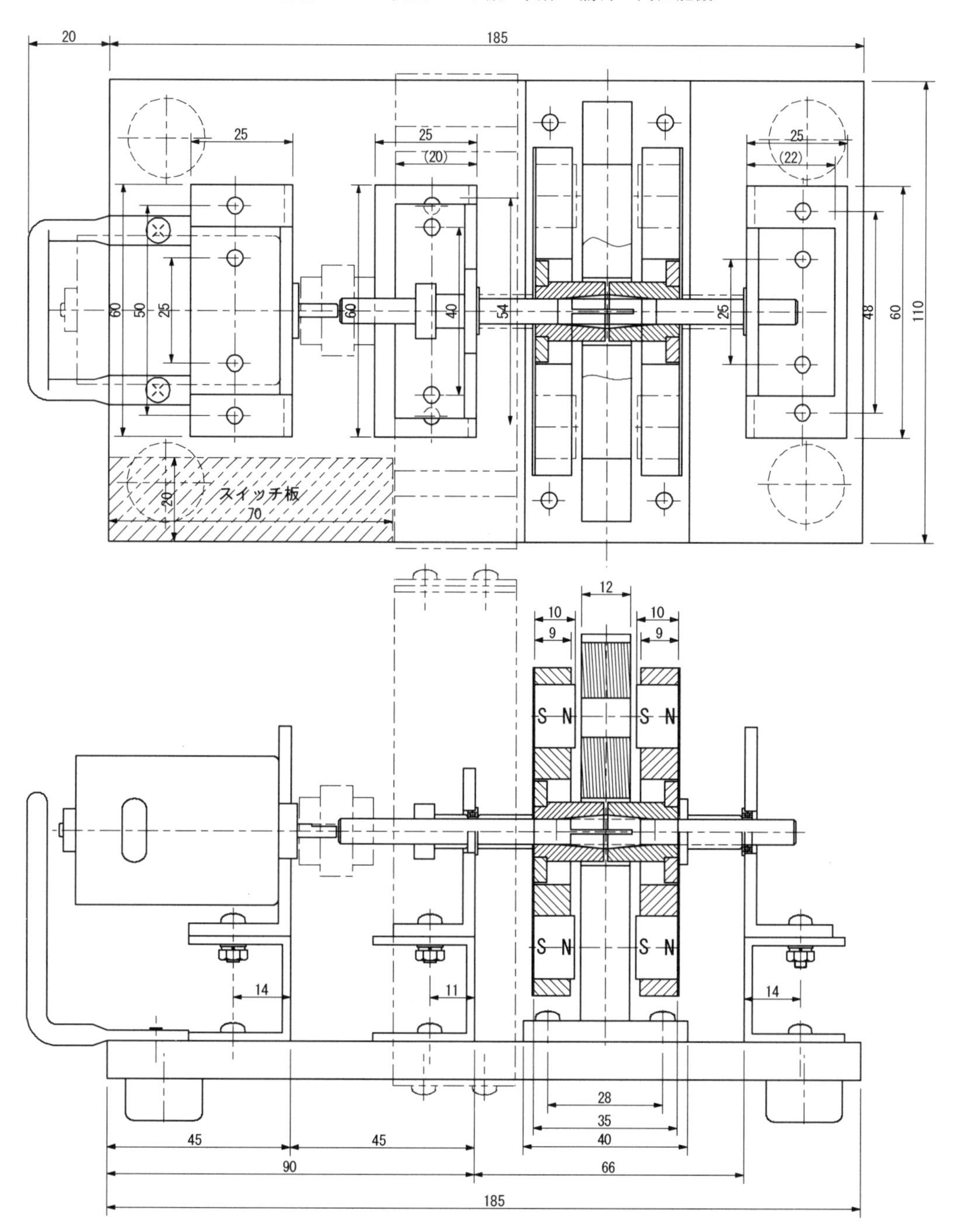

図 3-2 起電コイル４個を設けたトルク脈動レス発電機の組立図

このテスト機は、起電コイル６個型テスト機に比較してネオジム磁石の回転直径φ72mm がφ55mm に小さくなり、又その重量が約 10%減の 268g と小さくなりましたが、慣性モーメントの減少は顕著でして、起電コイルを組み込む前の予備テストでは DC9V 時の回転数はわずかな重量軽減比に拘わらず無負荷時に 10,700～11,000rpm（平均 10,850rpm)にアップしました。その回転数は、起電コイル６個型テスト機の場合の

6,200rpm に対して 1.72～1.77 倍にアップした勘定になります。

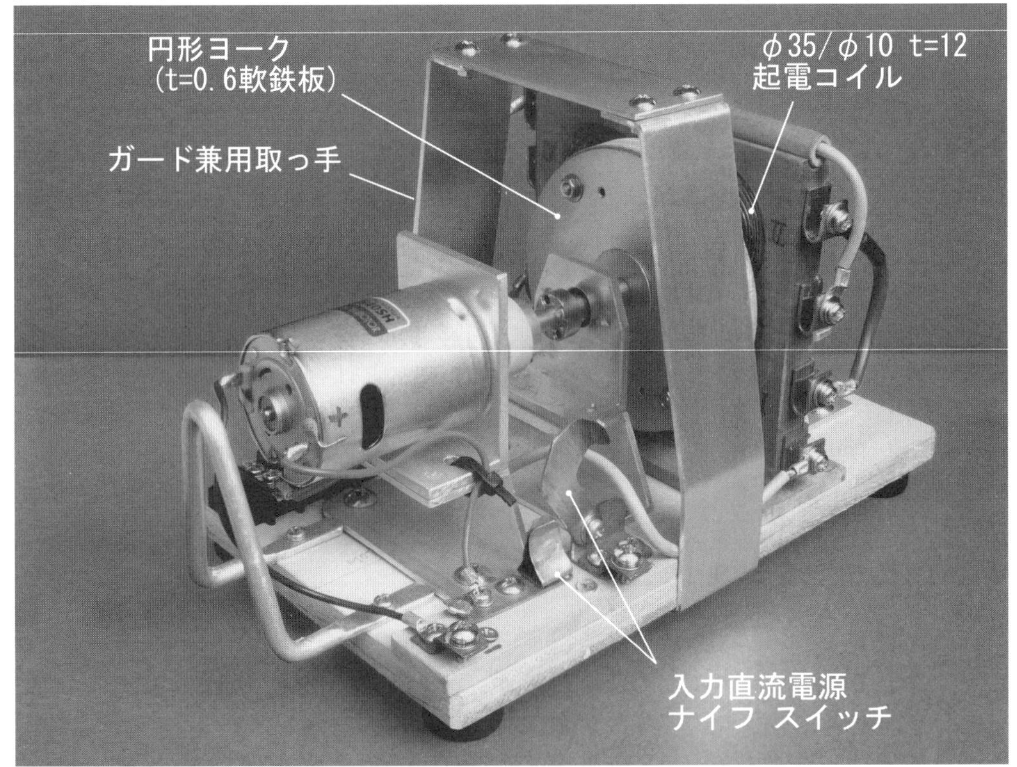

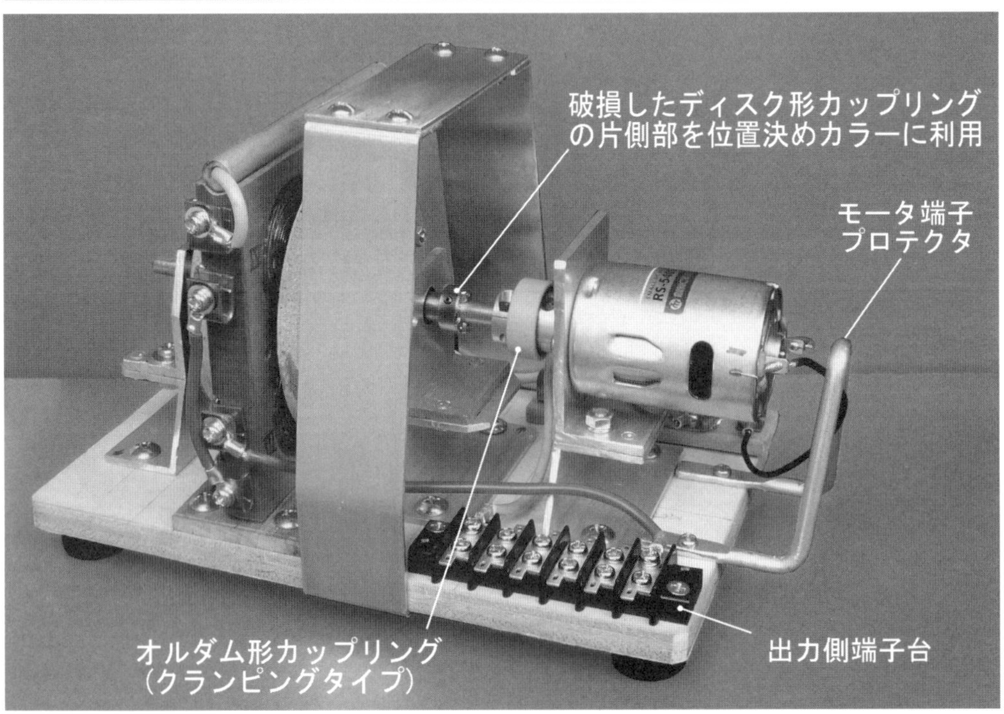

写真 3-3 起電コイル４個を設けたトルク脈動レス発電機の写真-1/3、2/3

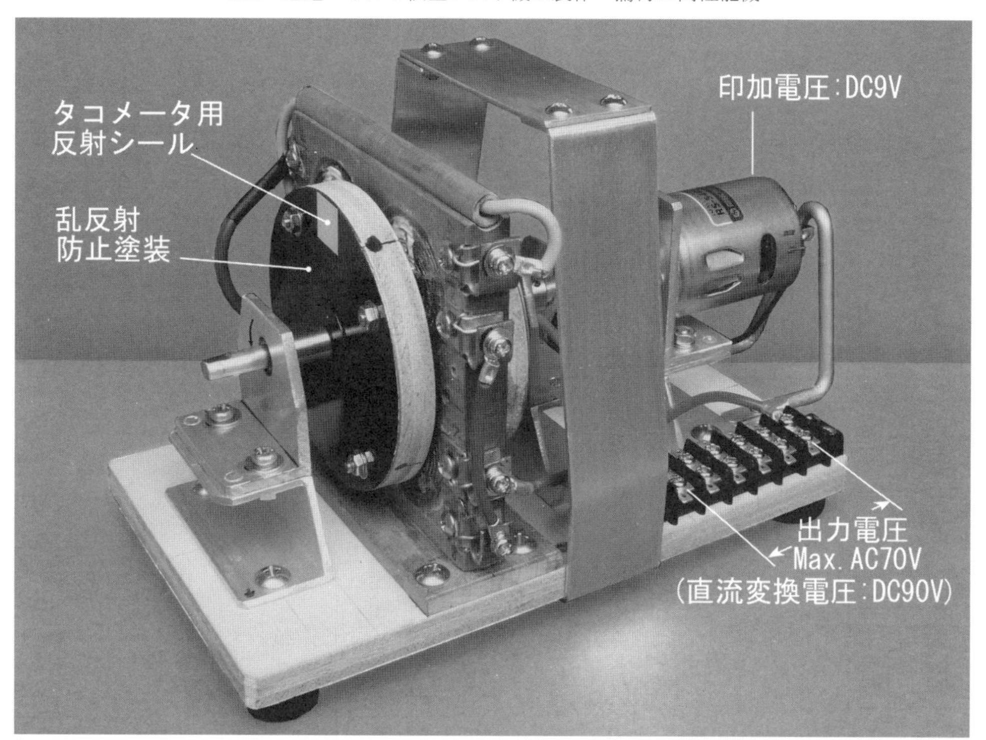

写真 3-3a 起電コイル４個を設けたトルク脈動レス発電機の写真 3/3

テスト機の最終版、**起電コイル４個型テスト機の出力は、ネオジム磁石エネルギの賜、交流電圧 AC70V(直流変換電圧:DC90V)に達し、ＤＣモータに印加した電圧 DC9V、5.6A の約 10 倍**になったことです。

それに、小形・軽量な起電コイル２個型テスト機の 10,300rpm を凌ぐもの凄い唸り音です。因みに、超高速回転のためか、オルダム形カップリングとても「凹凸スロット接合部」の繰り返し滑りがあって、破損のおそれはありませんでしたがその摩擦熱で加熱されたのが運転停止後に触手して確認できました。その高周波の微振動によってディスク形カップリングのカーボン繊維薄板が破損したのが納得できましたし、製品仕様の「許容トルク」の数値では「耐破損強度」が保証されませんでした。後に起電コイルを巻き終えて装着し、実際に発電した時点では 7,300rpm にダウンしました。

参考までにオルダム形カップリング(許容トルク 0.8N･m)とディスク形カップリング(許容トルク 0.25 N･m あるいは 0.35 N･m)の構造の比較図を図 3-3 に載せました。カタログの仕様上では前者と後者では 3.2～2.285 倍の差がありますが、後者の高トルクタイプのディスク形カップリングを使用した例で破損してしまったことは前述しました。ディスクの材質は「カーボン繊維(t=0.3mmm)」とのことですが、「高周波の微振動」に耐えられませんでした。

因みに、カタログに記載の最高回転数は 12,000rpm ですので、回転数の限界に近い回転数だったとも考えられます。ディスクの破損を目の当たりにした経験から、ディスク自体に加わる「曲げ交番荷重」および微細な偏心に起因する振動に対し、鋼鉄よりも軽く、強い新素材のカーボン繊維と言われます。しかし、「ディスク形カップリング」の機械的強度には疑問視せざるを得ません。

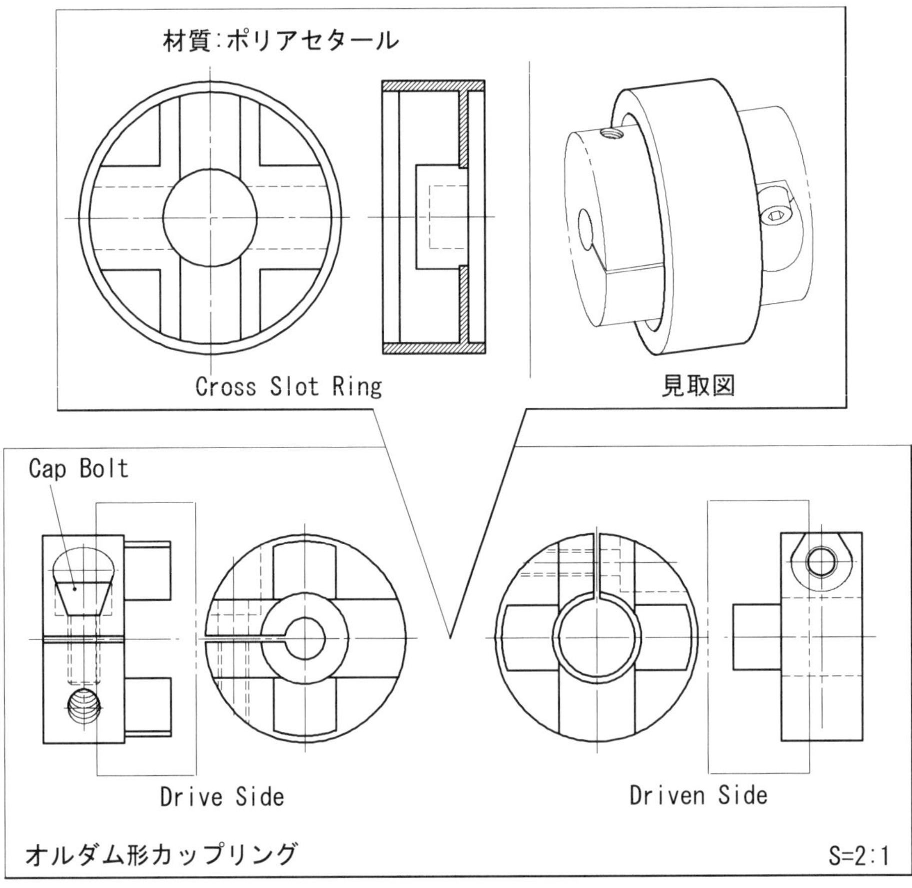

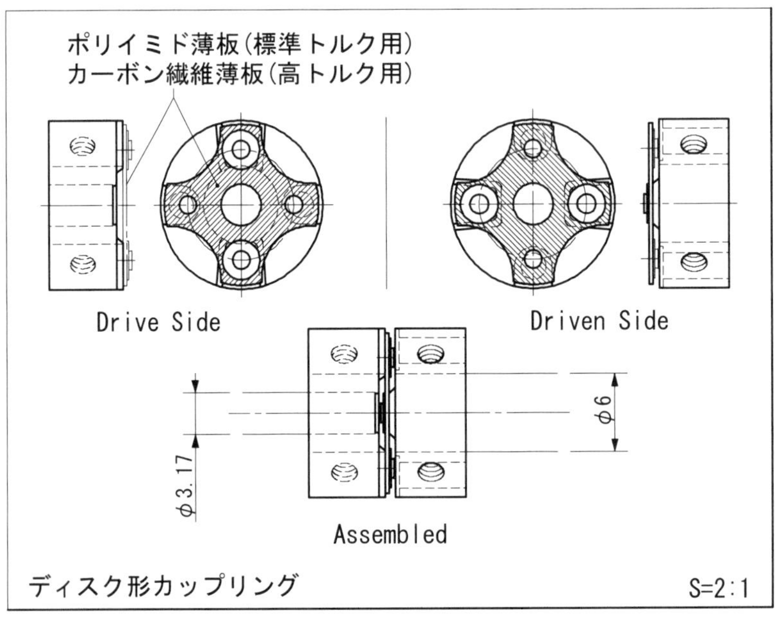

図3-3 オルダム形カップリングとディスク形カップリング(約2倍図)

軟鉄製円形ヨークおよびベニヤ板製磁石位置決め板にセットしたネオジム磁石は、テスト機の起電コイル取付板の両側に配置し、互いの吸着力で回転軸に嵌合された筒状のヨークセンタを挟んでバランスを保って回転しますが、排列したネオジム磁石の回転直径が大きくなると、「筒状のヨークセンタ」の直径が小さい場合にはネオジム磁石の「吸着力の不均等」のために回転するネオジム磁石列が平行になりにくく、高速で回転させると極めて危険です。ネオジム磁石列の平行度を保つためには、「筒状のヨークセンタ」両端の直径を大きくする必要があります。起電コイル6個型テスト機の場合には筒状の芯金に木製の筒を嵌め込んだ構造にしましたが、起電コイル取付板の中心穴を出来る限り小さくして小形化するにはこの構造は不適当です(図3-4左)。

起電コイル4個型テスト機では、排列したネオジム磁石の回転直径がφ72からφ55に小さくなりましたが安全性を重視して「筒状のヨークセンタ」の両端の直径を大きくしました。左右の起電コイル取付板がネオジム磁石の強烈な吸着力で引きつけられ、「筒状のヨークセンタ」を芯の部品のくさび効果によって堅固に密着させて左右の「起電コイル取付板」の平行度をゆるぎなくさせます(図3-4右、図3-5)。

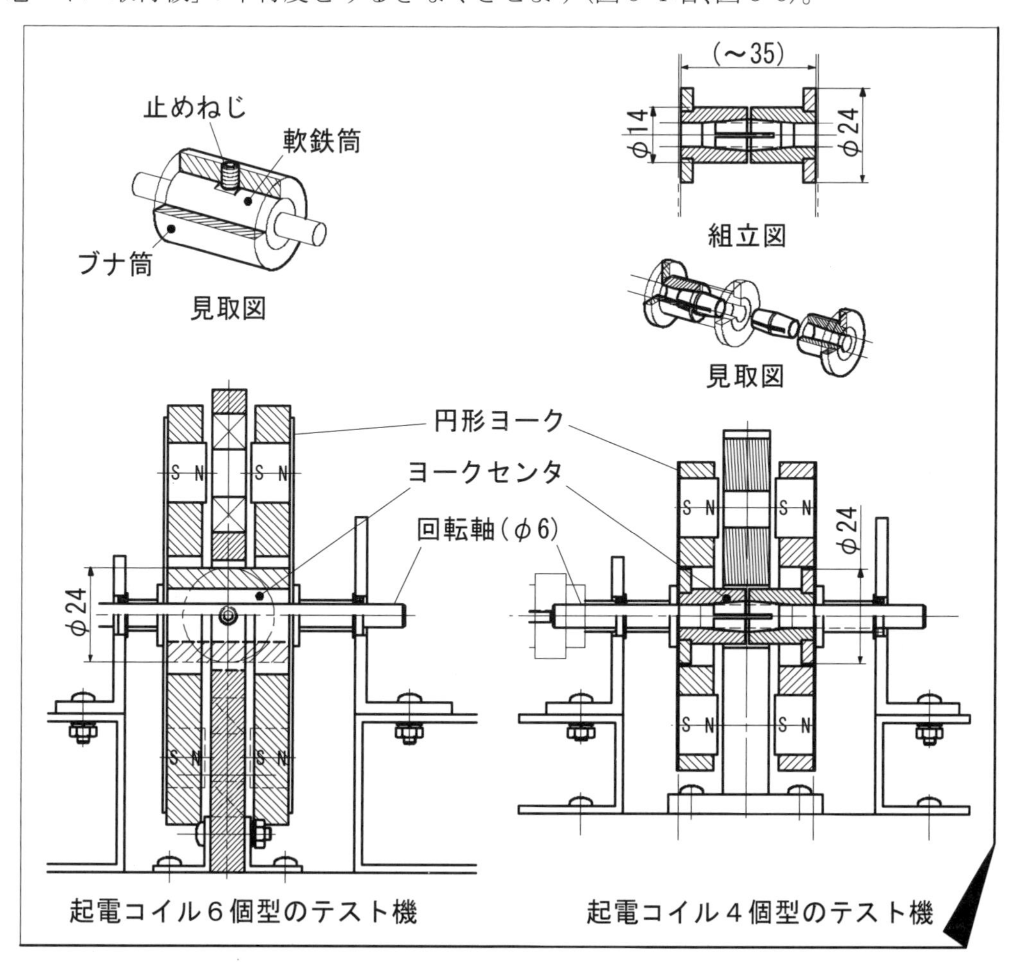

図3-4 新・旧ヨークセンタの比較図

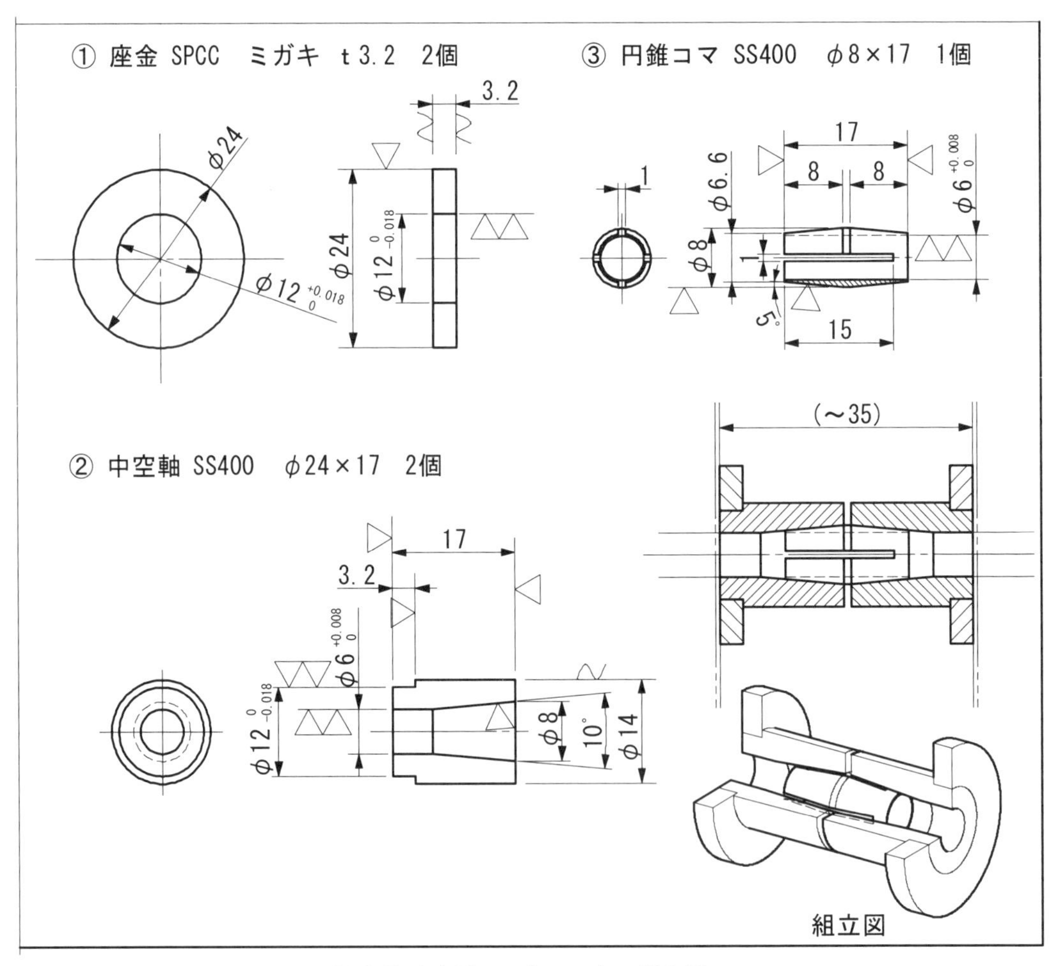

図 3-5 改良型ヨークセンタの製作図

円形ヨークの材質は、防食処理した軟鉄（磁性体）を使用しなければなりませんが、ヨークセンタは非磁性体のアルミ、真鍮、銅などの非鉄金属を使用しても支障ありません。軟鉄材を使用する場合は、錆を防ぐ方法として四三酸化鉄皮膜処理（黒染め）を施しますが、アルミや真鍮は防食処理をしなくて済みます。

上図の（③円錐コマ）のような微少サイズの場合、加工し易い真鍮がお勧めでして、オーステナイト系のステンレス鋼（SUS304）を使用するのは、機械加工が容易でありませんので加工技術者泣かせです。

【参　考】

マブチのＤＣモータ電機子に巻かれているフォルマル線は、φ0.6mm×5.4m です。

これに最大電流 6.1A が流れるのですから起電コイル４個型テスト機の起電コイルにはφ0.8mm×14.5mを使用しましたので耐電流は充分と考えました。

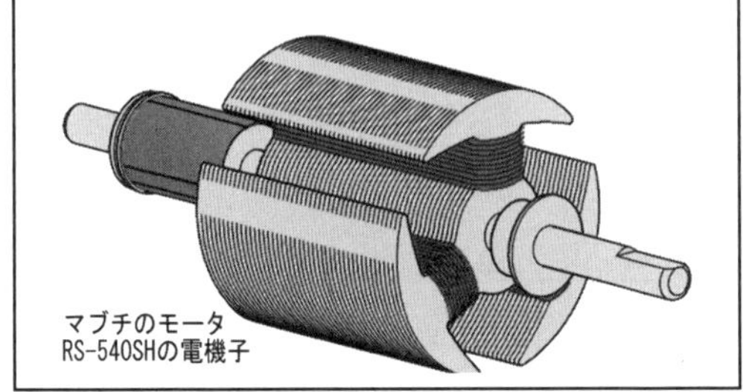
マブチのモータ
RS-540SHの電機子

3.3 起電コイル４個型テスト機の性能

表 3-2 旧テスト機(起電コイル２個型)および最新テスト機(起電コイル４個型)の起電力比較

図A

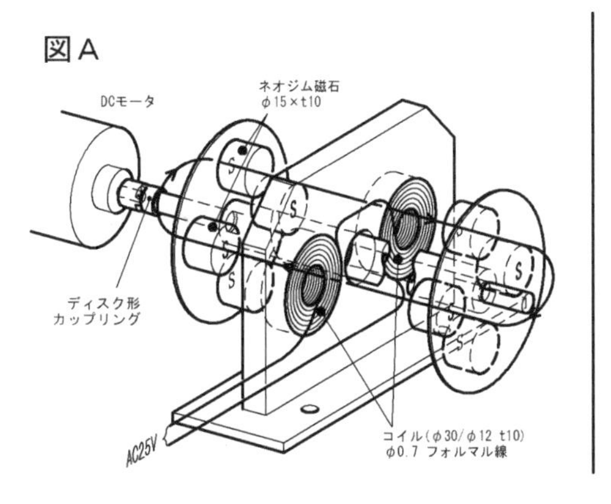

図C

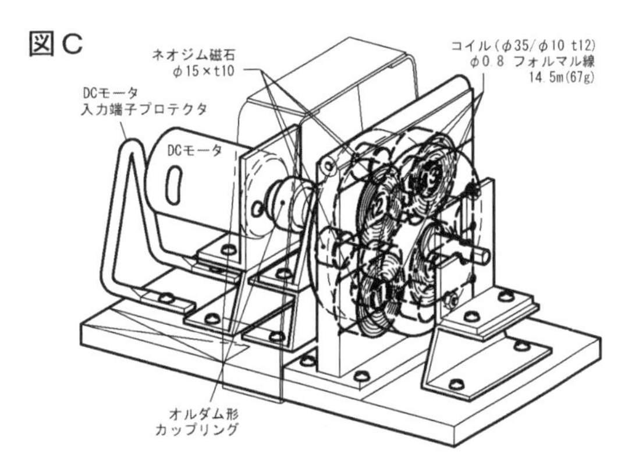

	図A	図C	
テスト機の種類	起電コイル２個型	コンパクト起電コイル４個型	
起電コイルのサイズ	線径φ0.7のフォルマル線 φ30/φ10, t=9の起電コイル (使用した線の長さ:約14m)	線径φ0.8のフォルマル線 φ35/φ10, t=12の起電コイル (使用した線の長さ:14.5m)	
ネオジム磁石の状態	φ15, t=10 等間隔排列	←	
排列数	４個	←	
回転直径	φ36mm	φ55mm	
回転体の外径	φ58mm	φ79mm	
回転体の重量	150g	268g	
使用した電源	コーセル製電源ユニット R50A-9	←	
入力電力	AC100v 50Hz	←	
出力電圧	DC9V	←	
出力電流	5.6A	←	
使用したモータ	マブチ製直流モータ RS-540SH	←	
装置の回転数 *	10,300rpm	平均7,900rpm	(平均7,300rpm)
起電コイルの発生電圧			
起電コイル１個	AC12.5V	AC17V	(AC13V)
起電コイル２個	AC25V(直列接続)	AC37V(直列接続)	(AC26V)
起電コイル３個	ー	AC54V(直列接続)	(AC39V)
起電コイル４個	ー	AC70V(直列接続)	(AC50V)

＊ 回転数は㈱小野測器製ディジタル タコメータ HT-4100を使用

図Ｃのコンパクト起電コイル４個型はコンパクトと言え、図Ａの小形軽量起電コイル２個型に比べてネオジム磁石を収めた回転体の重量が嵩むために装置の回転数が平均7,900rpmでしたが起電コイル１個当たりAC17Vを起電しました。

起電コイル４個から各々別個の発生電力を取り出す場合には、４個それぞれからAC17Vを得られますが直列に接続してAC17V×4=AC68V(実際には電圧値がAC70Vでした)を取り出すには脱調しないように接続しなければなりません。合計４個の起電コイルを直列に接続するには、起電コイルの巻き始め(内側)と巻き終わり(外側)との接続を試行錯誤で実際に接続して確認します。

起電コイルⅠの内側巻き線からスタートして外側巻き線を起電コイルⅡの外側巻き線に接続し、その内側巻き線から起電コイルⅢの内側巻き線へ接続します。起電コイルⅢの外側巻き線を起電コイルⅣの外側巻き線に接続し、その内側巻き線から出力端子に接続して完了です(写真3-4)。

写真3-4 起電コイル４個の直列接続の配線

φ35/φ10 t=12サイズの起電コイル、φ0.8mmのフォルマル線の材質が銅ながらかなりの剛性のために「コイル厚 12mm」にピッタリ収めるには「コイル巻き器」の「巻き軸」にスナップピンを打ち込む構造にして成功しました。コイル厚を正確に仕上げるには「コイル巻き器」のフレームの側板では規制できないための工夫でした。

起電コイルの巻き重ねに要する時間は、合成ゴム系接着剤で固めながら「３時間/１個」の根気の要る作業でしたが、フォルマル線の巻き重ねには十分に留意し、嘴細のラジオペンチで線間のスキマを寄せ、巻き重ねの乱れが生じないようにして４個共に１個当たり67gに仕上がりました。使用したφ0.8mmのフォルマル線は、１個当たり14.5mでした。接着剤を均一に塗布にするために「爪楊枝」を使用しました。

3.4「トルク脈動レス発電機」製作のまとめ

風力発電用「トルク脈動レス発電機」の製作の予備段階として、アルカリ乾電池６個を電源として駆動用のマブチ製ＤＣモータを使用した「テスト機」を３種類製作しましたが、実験途中から**直流定電圧電源**を使用することで、むしろ「**風任せの実機**」では困難と思われる性能の確認をすることができました。

起電コイル２個のＡ型テスト機→起電コイル６個のＢ型テスト機→起電コイル４個のＣ型・Ｄ型テスト機の発電結果のデータをグラフにまとめてみました(表 3-3)。

表 3-3 新・旧テスト機３機種の起電コイルのサイズおよび発生電圧比較グラフ

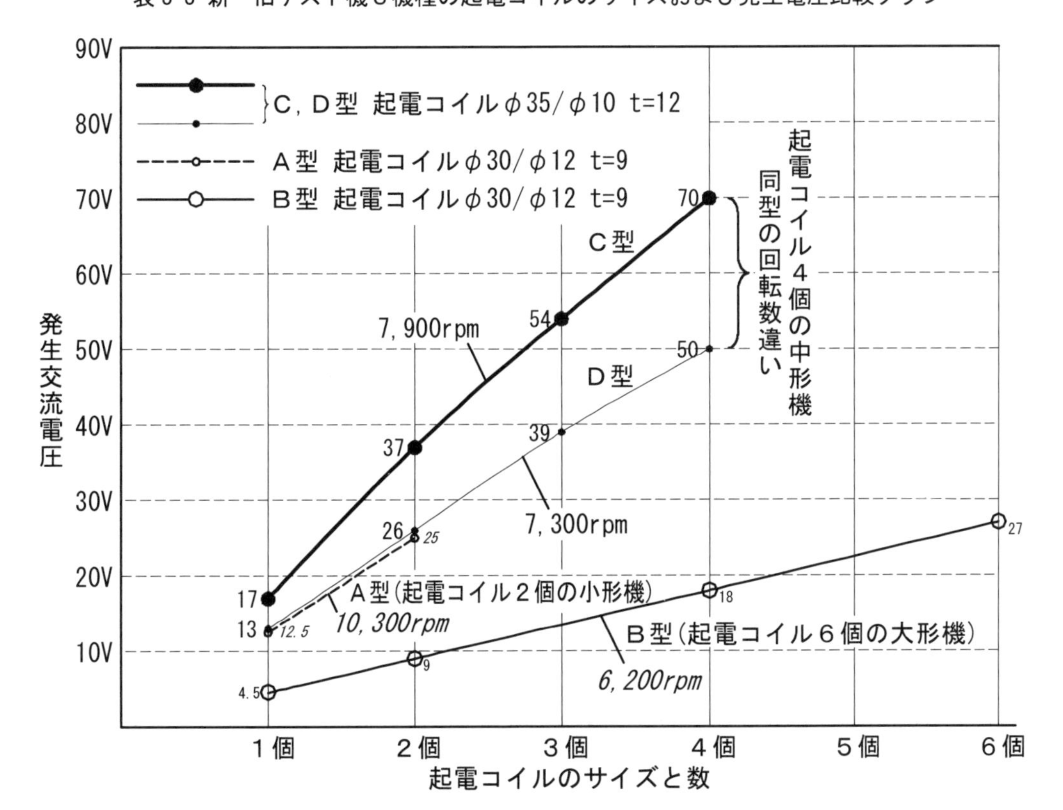

テスト機のサイズ、起電コイルのサイズ(フォルマル線の太さと巻き数)および強力なネオジム磁石を試行錯誤して選択し、最終段階(写真 3-3、3-3a 参照)で起電コイル４個を直列に接続しますと合計電圧 AC70V もの交流電圧を発生させる「トルク脈動レス発電機」をものにすることができました。交流電圧 AC70V は、ダイオード ブリッジ モジュールを介して直流に変換・整流しますと約 DC90V になります。

「トルク脈動レス発電機」が起電コイルの芯に軟鉄を使用しないで発電させるためにトルク脈動が無く、回転軸が滑らかに回転し、僅か DC9V で高速回転する小形のＤＣモータによって「**使っても使っても消費しないネオジム磁石の磁力**」から AC17V～AC70V、直流に変換すると約 DC22V～DC90V、入力した電力 DC9V の約 10 倍もの電力を発生させるのですから新たな発見です。

発電した電力を４個の起電コイルから個別に取り出せば、変圧器を使用しないで４

口の AC17V に小分けできます。小分けした AC17V は、変圧器を介して自由に高電圧あるいは低電圧に変圧できます。

「トルク脈動レス発電機」について第３章、第４章に渡って述べてきましたが、この「トルク脈動レス発電機」を使用した「電力システム」が従来の「永久機関不可能説」を覆しました。従来説は、「永久機関が可能」の実例が無かったためです。

【トルク脈動レス発電機による永久発電電力システムの要件】

① 発電機に「鉄芯を用いない起電コイル」複数個を使用する
② 発電機に「最大エネルギ積」の大きい「ネオジム―鉄―硼素磁石」を使用する
③ 高速回転するＤＣモータで発電機を高速回転させる
④ 発電機を駆動するＤＣモータ直流電源に大容量のバッテリを使用する
⑤ 小分けした起電コイル１個の交流電力を直流に変換して、一旦ＤＣモータ駆動用の大容量のバッテリに充電し、ＤＣモータの駆動電力にする
⑥ 残り３個の起電コイルの交流電力は、直流に変換して、バッテリに蓄電して利用する（利用しなければ無駄になってしまう発電電力の備蓄）

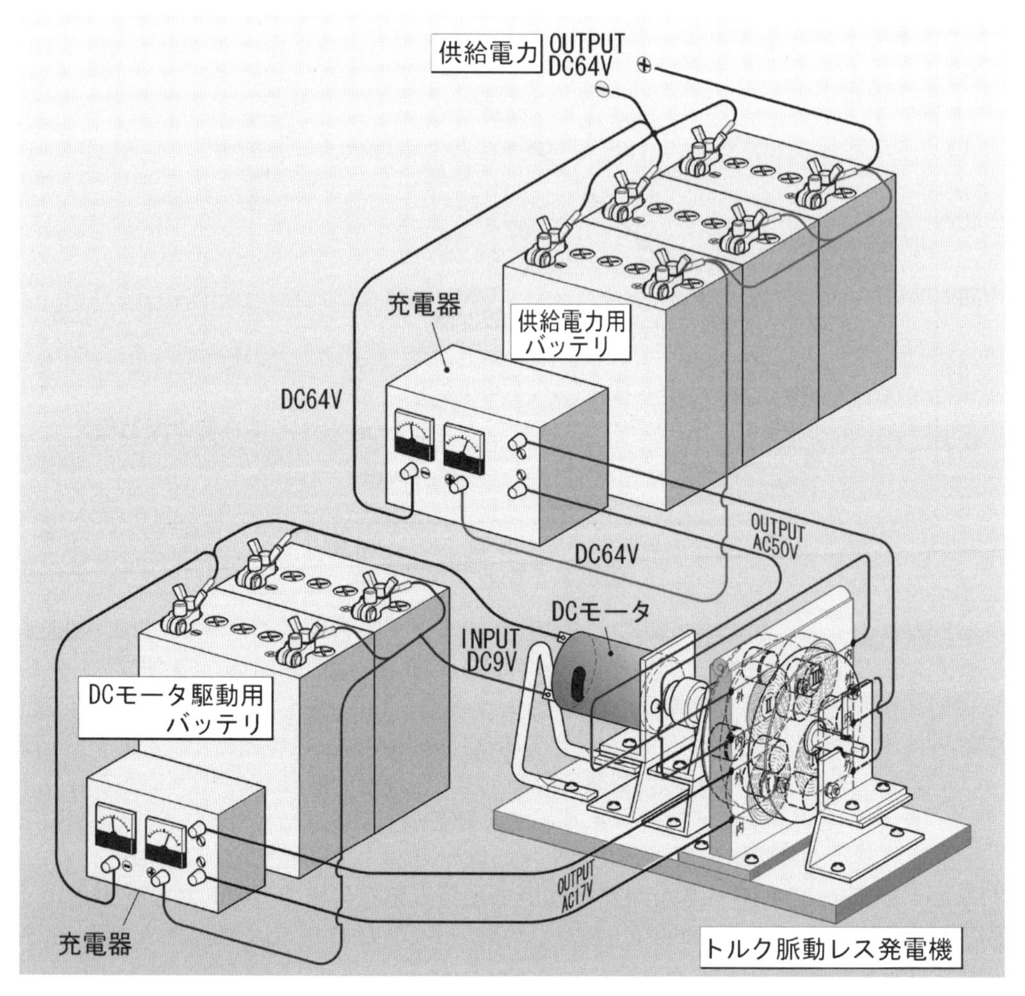

図 3-6 余剰電力を回生電力としてＤＣモータに供給利用したフローティング充電方式の実体図

エネルギ発生の源として使用される化石燃料の石炭・石油・天然ガスなどは消費することで枯渇しますが、永久磁石の磁力は永久に持続します。身近な例としてオートバイの「走行と電力」の持続の源となるガソリンタンクのガソリンが無尽蔵に満タンでしたら「**フローティング充電方式**」、つまり充電しながらヘッドランプを前照灯の点灯、ブレーキランプ、ウインカランプに消費しながらオートバイを永久に走らせることができますが、実際にはガソリンは消費されてしまいますのでガソリンタンクが空の「ガス欠」で走行終了になります。

バッテリには走行中に発電した電力が充電されていますが、そのオートバイを使用しないで長期間放置すれば次第に自然放電してしまいます。

「トルク脈動レス発電機」の起電力の一部を一旦バッテリに充電して発電元のＤＣモータの駆動に振り向ければ、オートバイの例における「ガソリン満タン」に匹敵します。

つまり、「トルク脈動レス発電機」の電力システムは、第３章の図 3-14 に図解しました「枯渇しない永久磁石のエネルギ」をエネルギ源に使用した「**永久機関**」なのです。

前ページの図 4-6 は、第３章の図 3-14 に図解しました「『永久発電システム』のリサイクル系統図」(再掲載) を分かり易い「実体イラスト」として作成しました。両図を比較してみて、絵空事でないことを確認してください。

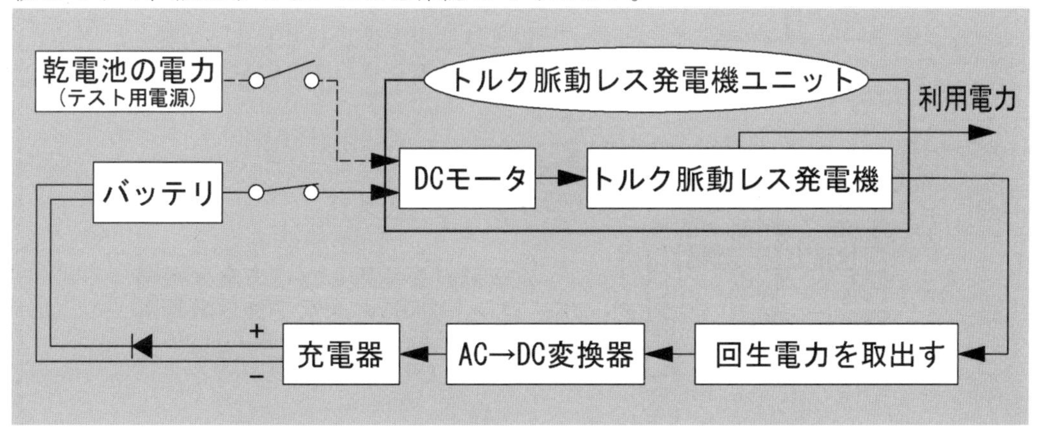

再掲載(図 2-14「永久発電システム」のリサイクル系統図)

風力発電システムは、地面あるいは海上の土台に据え付けますので持ち運び不可能です。その風力発電用の発電機として着目し、その実用化に向けて実験してきました「トルク脈動レス発電機」は、風力発電システムにも利用できますし、ひいては「風力不要」のコンパクトな「発電システム」として利用できることに行き着きました。

ＤＣモータで駆動する「トルク脈動レス発電機」は、内燃機関のガソリン エンジンやディーゼル エンジンと同様に屋内に設置して自家発電機として利用でき、車両や船舶に搭載して、その電力で回すＤＣモータは「**永久原動機**」として利用できます。送電設備・送電線不要、二酸化炭素や有害ガスを発生しない無公害、化石燃料や核燃料を消費しないために燃料費不要の新しい「**省エネルギ電力**」です。

なお、バッテリのメンテナンス、バッテリの寿命、ネオジム―鉄―硼素磁石の保磁力低下などは、「トルク脈動レス発電機による永久発電電力システム」のサイクルの枠外事項になります。

コラム

永久機関の夢物語

世の閑人の中には、趣味なのか、それとも一攫千金を目論んだのか、「永久機関」の発明に挑戦した人々がいました。中には特許権を取得したモノまであります。

しかし、それらのいずれもが成功しなかったことから「永久機関は不可能」といわれています。

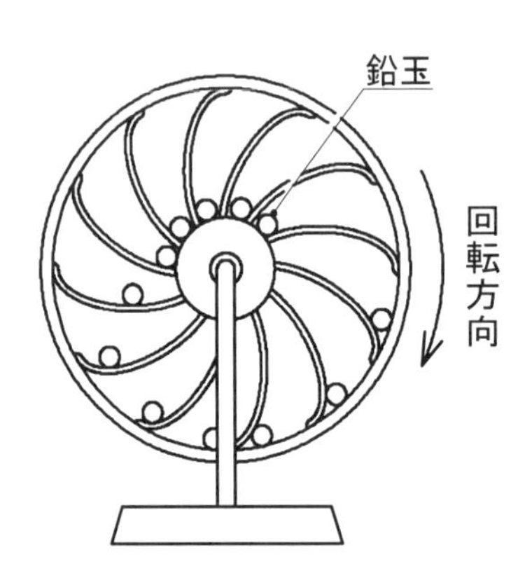

【永久機関説】

ウースター侯爵家の２代目エドワード＝サマーセット(1601-1667)の考案によると、

中心にある鉛玉が重力で転がり、車は右回転する。その回転で鉛玉は元の中心位置に戻り、永久に車が回転するというモノ。

【実際には】

鉛玉は途中で停止してしまって元の位置には戻らず、車は回転しない。

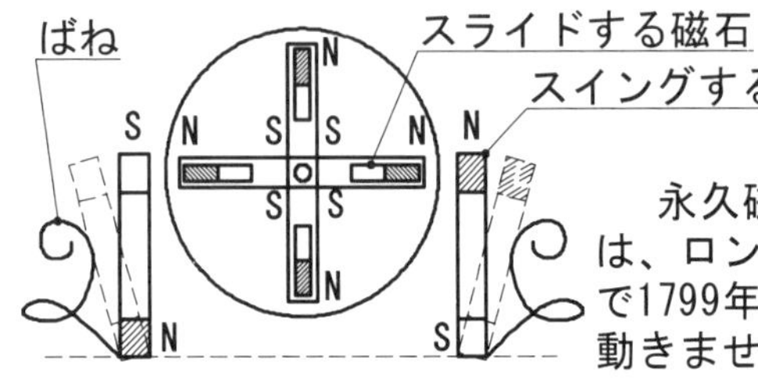

永久磁石を使用したこの永久機関は、ロンドンのW ステファンの考案で1799年に特許になったモノ。しかし、動きませんでした。

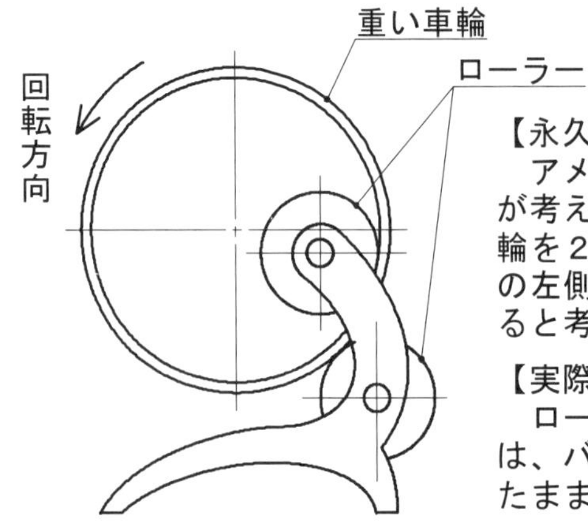

【永久機関説】

アメリカのＦ Ｇ ウッドワードが考えた永久機関。環状の重い車輪を２つのローラーで挟むと車輪の左側半分が重いので左に回転すると考えたのですが、

【実際には】

ローラーで支えられた重い車輪は、バランスを保っていて静止したままで動かない。

3.5 起電コイル巻き治具の製作

「**トルク脈動レス発電機**」のテスト機はもとより、実機ではやや大きめサイズ「φ38/φ15 t=5.5」の起電コイルを4個、6個、8個あるいは10個製作して木製の起電コイル装着板の穴に埋め込まなければなりません。均一な出来上がりの「成型巻き」にしますので「起電コイル巻き器」が必要になります(写真3-5、図3-7、図3-8、図3-9)。

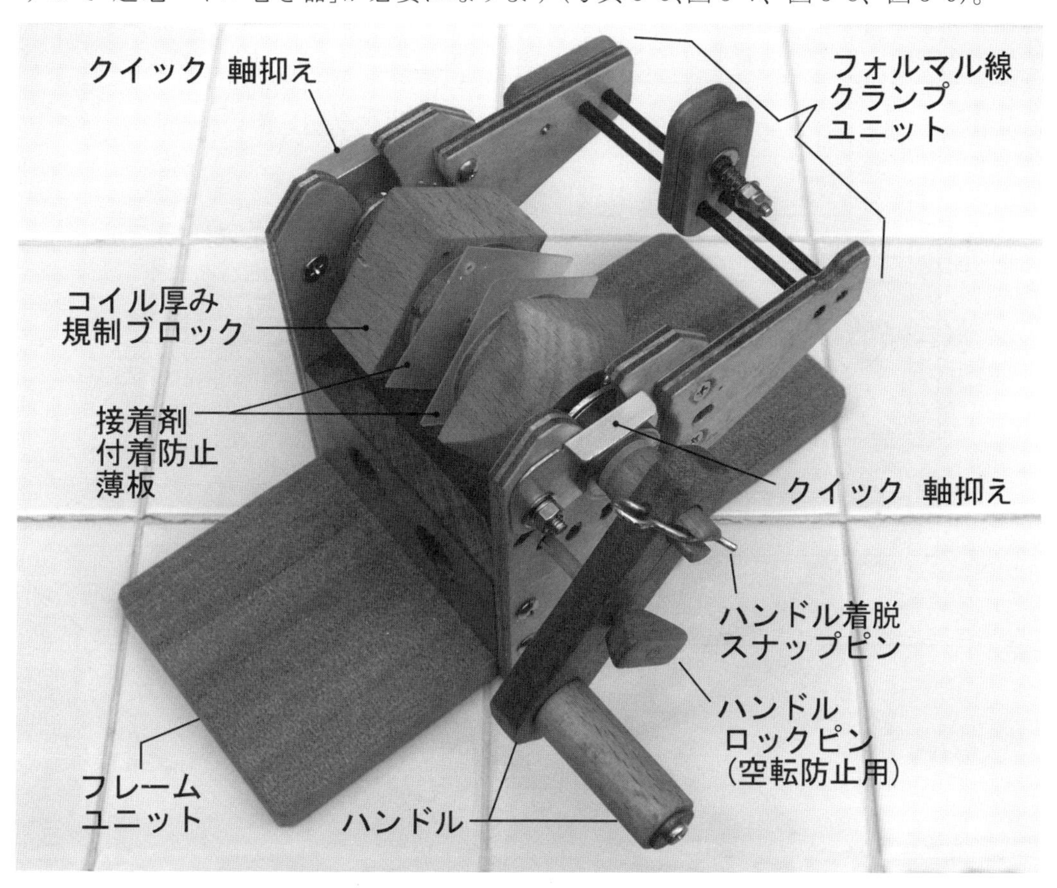

写真3-5 起電コイル巻き器(コイル厚みが拡がらないように「巻き軸ユニット」を装備)

コイルの厚みは、巻き層が重なるに連れて上層のフォルマル線が下層の線間に食い込んで「規定の厚み」よりもどんどん拡がってしまいます。

起電コイル巻き器のフレームユニットの内幅で規定しても防ぎ切れませんので「巻き軸ユニット」の軸にスナップピンを打ち込んで強制的にコイルの厚みが拡がらないようにします。

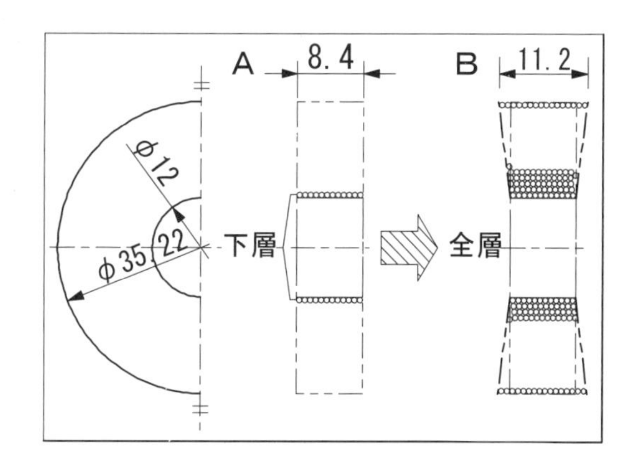

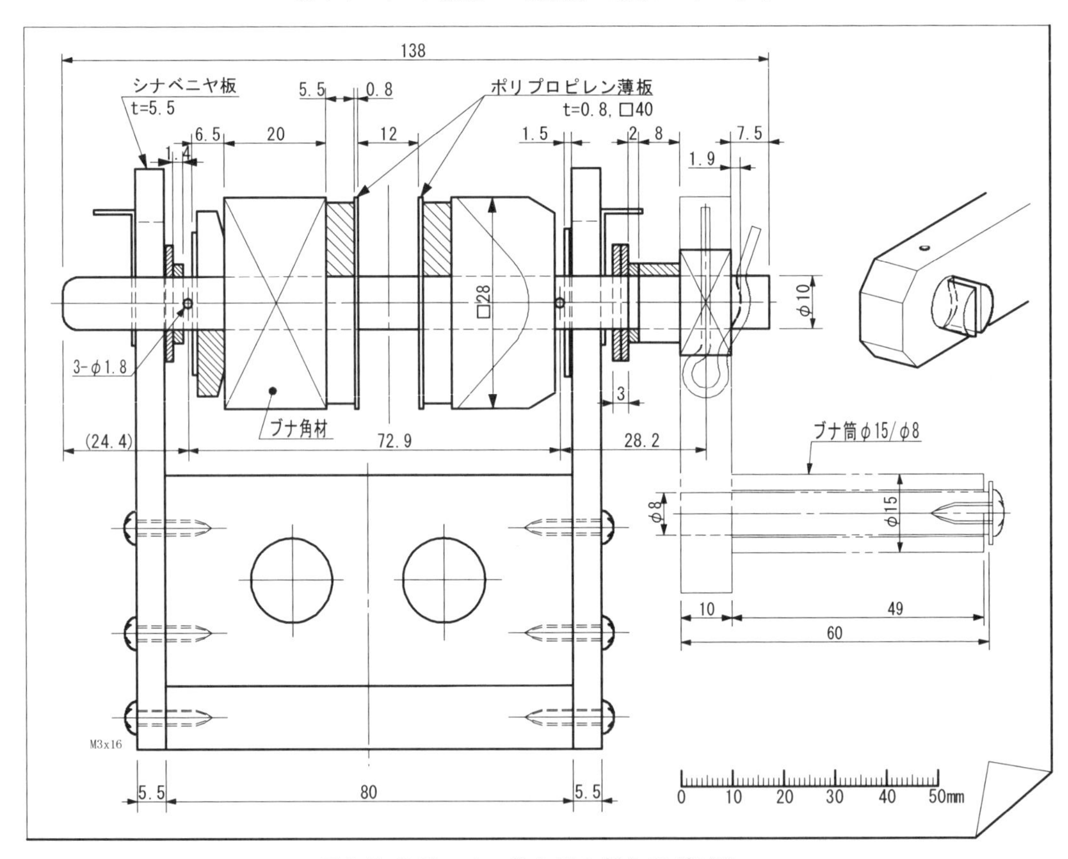

図3-7 起電コイル巻き器の製作図(部分)

写真3-6 フレーム ユニット

フレーム ユニットは、フォルマル線クランプ ユニットを取付けて写真3-7の「巻き軸ユニット」を載せる役目を担うもののコイルの厚みを抑える役目には関与しません。

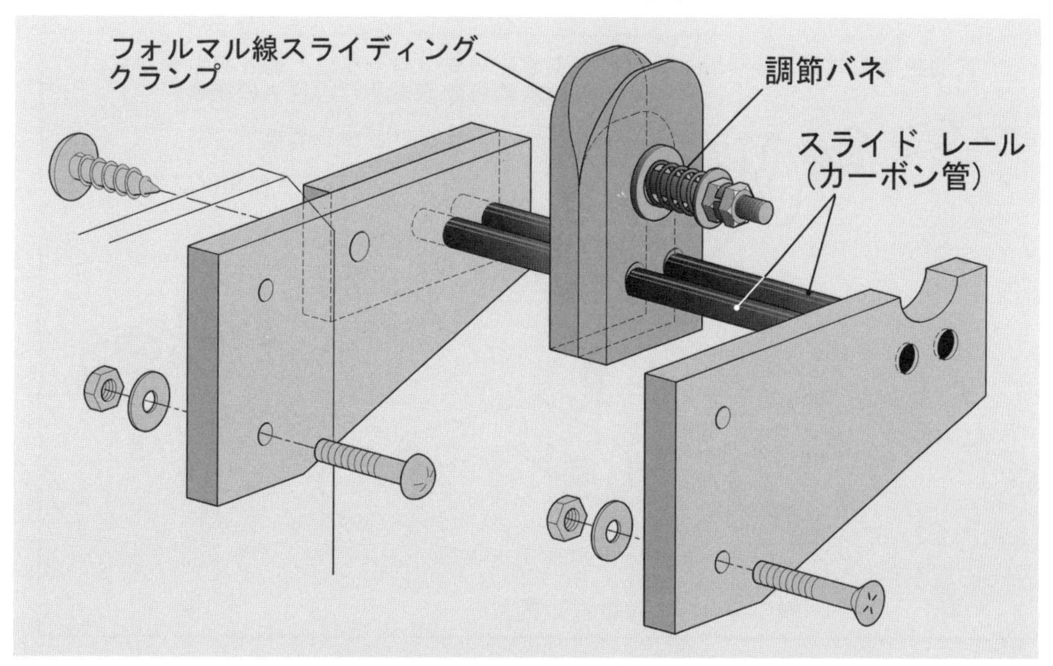

図 3-8 フォルマル線クランプ ユニット

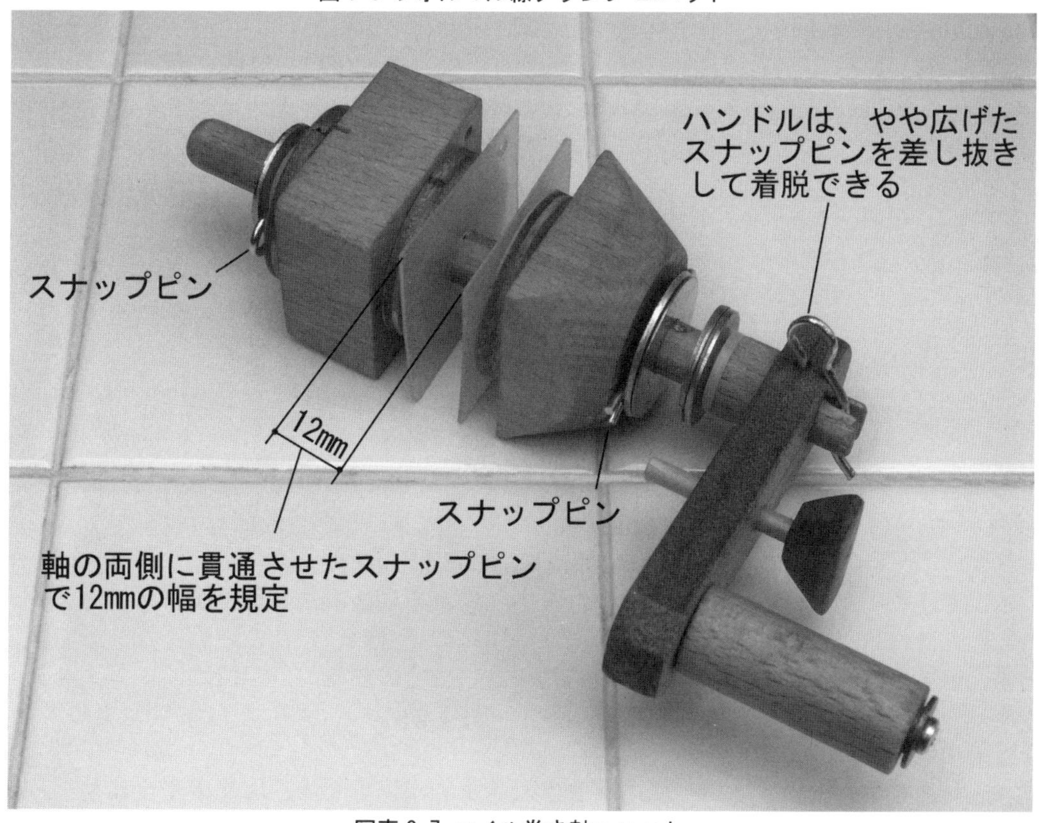

写真 3-7 コイル巻き軸ユニット

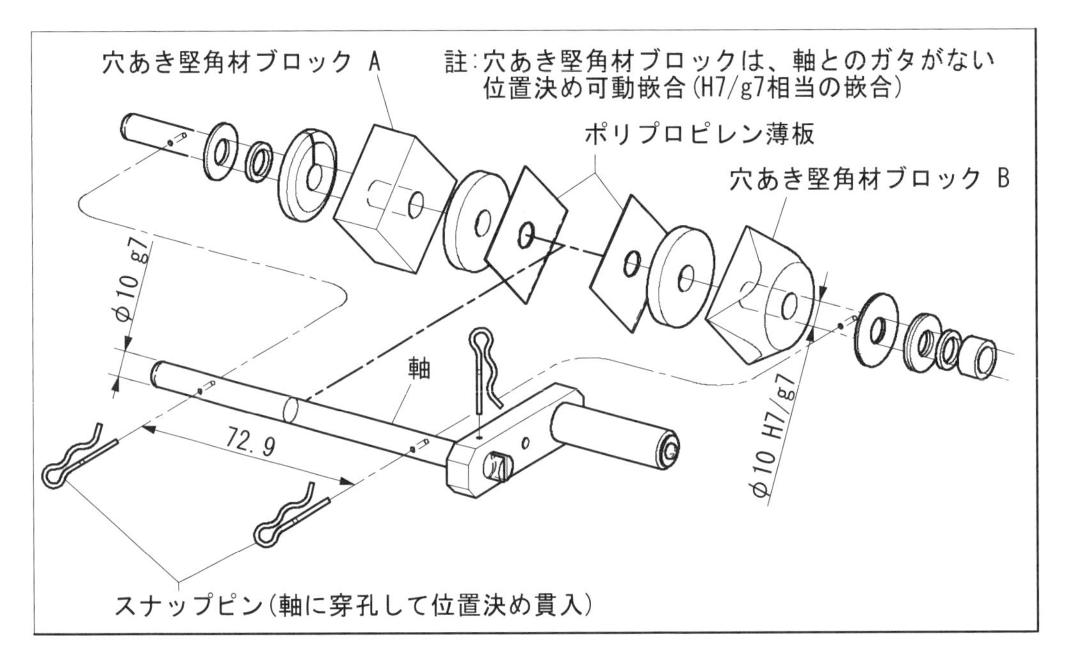

図 3-9 コイル巻き軸ユニットの分解図

それらの起電コイルは外周/内周/左右両側面共に「**裸のコイル**」ですから「巻き始め」から「巻き終わり」までの積層毎に木工用速乾接着剤(写真 3-8)あるいは合成ゴム系接着剤を塗布して「型くずれ」しないように接着します。

写真 3-8 木工用速乾ボンド(木工用速乾セメダイン)

木工用速乾ボンドは、「巻き始め」のコイル一層目を巻き済ませたら塗布し、約2分後にはベタ付きが無くなり、約3分後には二層目の「巻取り」作業に進めることができます。コイルを「巻き始め」前に、予め芯軸あるいはその外側の「塩ビ管」にスティク状固形糊で障子紙を約2巻きして置くと、巻取り終了後の成型済みコイル芯の「塩ビ管」を容易に取外しできます。

木工用速乾ボンドは、木材や紙の接着はできますが、塩ビ管、塩ビ板や金属などの接着には向きません。しかし、コイルのフォルマル線の固着成型はできますし、水に濡らして剥がせますので再利用することもできます。

現在のディジタルテレビ受像器になる前のＣＲＴ(陰極線管、ブラウン管)を分解しましたら、複雑な形状の励磁コイルが組込まれていました(写真 3-9)。これに比べたら「**トルク脈動レス発電機**」のドーナツ状起電コイルを巻くのは簡単かもしれません。

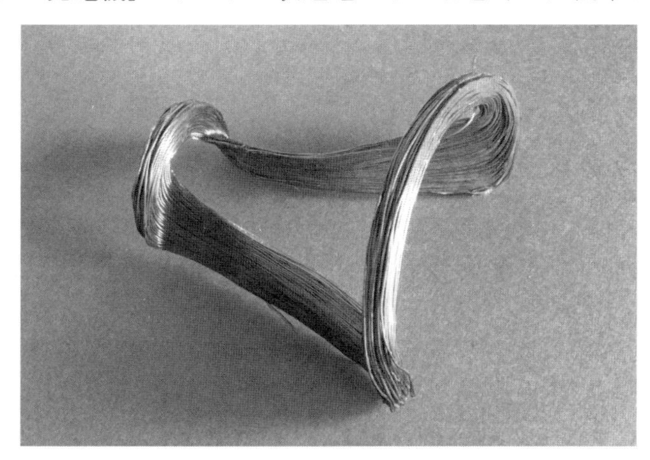

写真 3-9 アナログテレビ受像器用ＣＲＴの励磁コイル

なお、合成ゴム系接着剤は、フォルマル線を塩ビ管や塩ビ板に強力に接着しますので小径のコイルでは取外したコイルの「巻き始め」および「巻終わり」の部分接着以外には使用しないようにします。木工用速乾接着剤には 40～45%の水が含まれていますので速乾とは言え、化学反応形接着剤のような接着ではなく、水分が蒸発することによって乾燥しますので瞬間接着ではありません。

一層目を巻き終えたら油絵用の剛毛の小筆を使用して薄く塗布し、2 分ほど経って接着剤の乳白色が消えてから二層目を巻き出すような手順、つまり巻いては乾燥させ、乾燥したら巻くの繰り返しで作業します(図 3-10)。

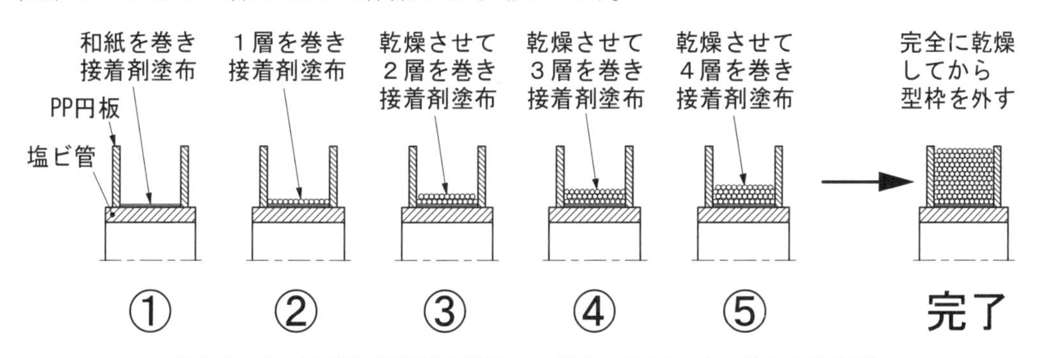

図 3-10 木工用速乾接着剤を使用した場合の起電コイル巻きの手順図

接着剤を厚めに塗布しますと乾燥し難く、接着剤の乳白色が邪魔して次層の「巻き目」が隠れてしまい整然と巻くことができません。接着剤の乾燥を早めるにはヘアドライヤを使用します。

淡黄色の合成ゴム系接着剤を使用する場合には、側壁の型枠板に接着できない材質の「ポリプロピレン薄板」を使用し、淡黄色の合成ゴム系接着剤を塗布して成型し、完全に固まる前に型枠から取外します。巻取り軸の芯に巻いた和紙は容易に剥がすことができます。合成ゴム系接着剤を使用して成形したコイルを写真 3-10 に挙げます。

写真3-10 完成したサイズφ30/φ12 t=8の起電コイル

コイル巻き治具は、フォルマル線を巻く過程で両側板を広げてしまう傾向がありますので「穴あき角材」で両側板をしっかりと固定する必要があります。つまり、下層の巻き線間に次層の巻き線が食い込んで広げてしまうからです。

仮に巻きコイルの幅を「8mm」にする予定で巻いても、巻き終えて取り外しますと「8.5〜9mm」になってしまうのをしばしば経験しました。このような場合には、接着剤が乾燥してしまう前に工作用の小形バイスに挟んで圧縮し、厚みを8mmに戻します。

ただし、接着剤が完全に乾燥しないとリバウンドして広がってしまいますので一日(24時間)ほど放置しておきます(写真3-11)。

写真3-11 コイルの厚み調整

起電コイルのフォルマル線がキンク(kink:よじれ)しないように直線度を保ちながら巻き進めるのは容易ではありませんが、フォルマル線をお菓子の空き缶利用のドラムに巻いて作業するのが得策です。

ゆっくり回るドラムとは言え、芯振れは好ましくありませんので缶の蓋と底部の中心に軸穴を穿孔し、ベニヤ板片の軸受を蓋と底にねじで取付けて軸(SUSまたは真鍮パイプ)を貫通させ、抜け止めのピンを取付けます。空回りしないようにブレーキを取付け、手回し用ハンドルも付けます。

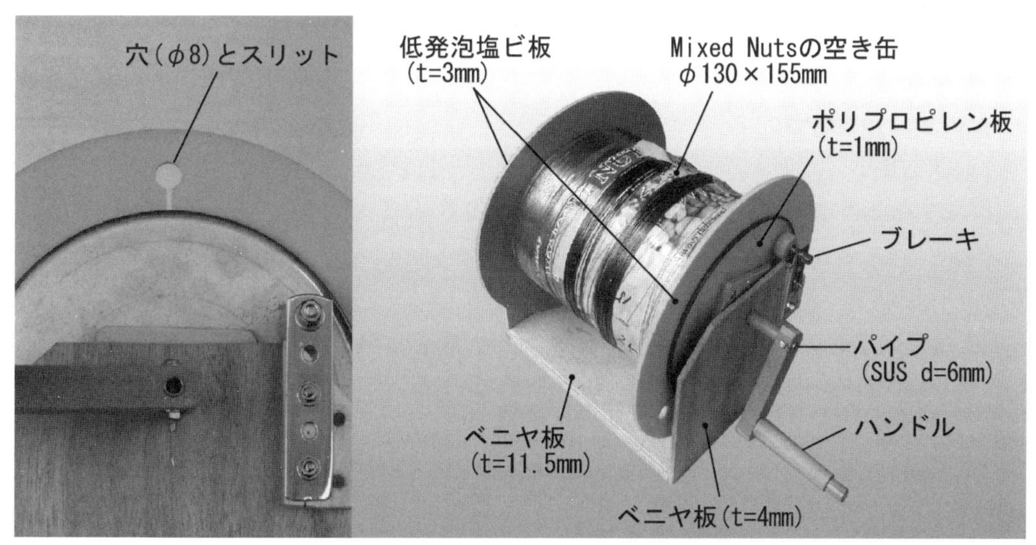

写真 3-12 起電コイル巻取りドラム

ドラム両端の低発泡塩ビ円板は、缶の両端外周への組込みができるように、空き缶の直径に合わせて刳り抜き、穴の外周側にφ8mm～φ10 の小穴を開けて小穴と穴の間にスリットを入れます(写真 3-12)。小穴部の位置で捩って缶の縁部へ嵌め込みます。

ちなみに、Web サイトの通販で販売されているフォルマル線(φ0.8mm/1kg,長さ220m)の例では､元々からプラスチックのボビン(巻き筒)に巻いてありますので台座を拵えて据え付ければそのまま利用できます(写真 3-13)。

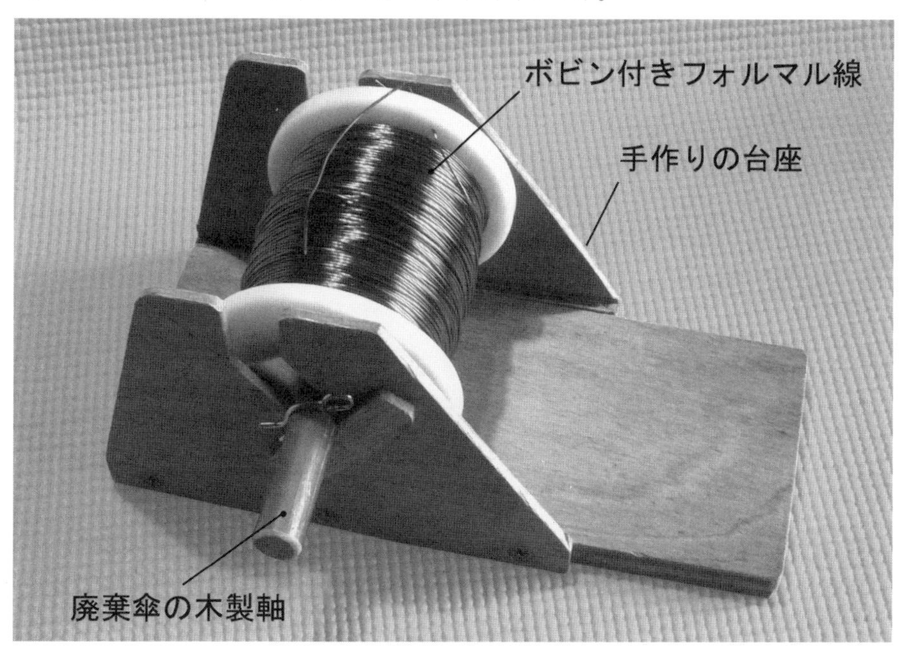

写真 3-13 即席コイル巻取りボビン

コラム

複数個の起電コイルをほぼ等重量に巻くには「線間の隙間」、「巻き重ねのバラツキ」を極力無くして「コイルの厚み」を均一にしなければなりません。巻き軸に斜めに貫通するφ0.9㎜の小孔をあけ、ブナ角材のスリットを通して端に引き出して巻き始めのフォルマル線をしっかりと巻き軸に固定します。

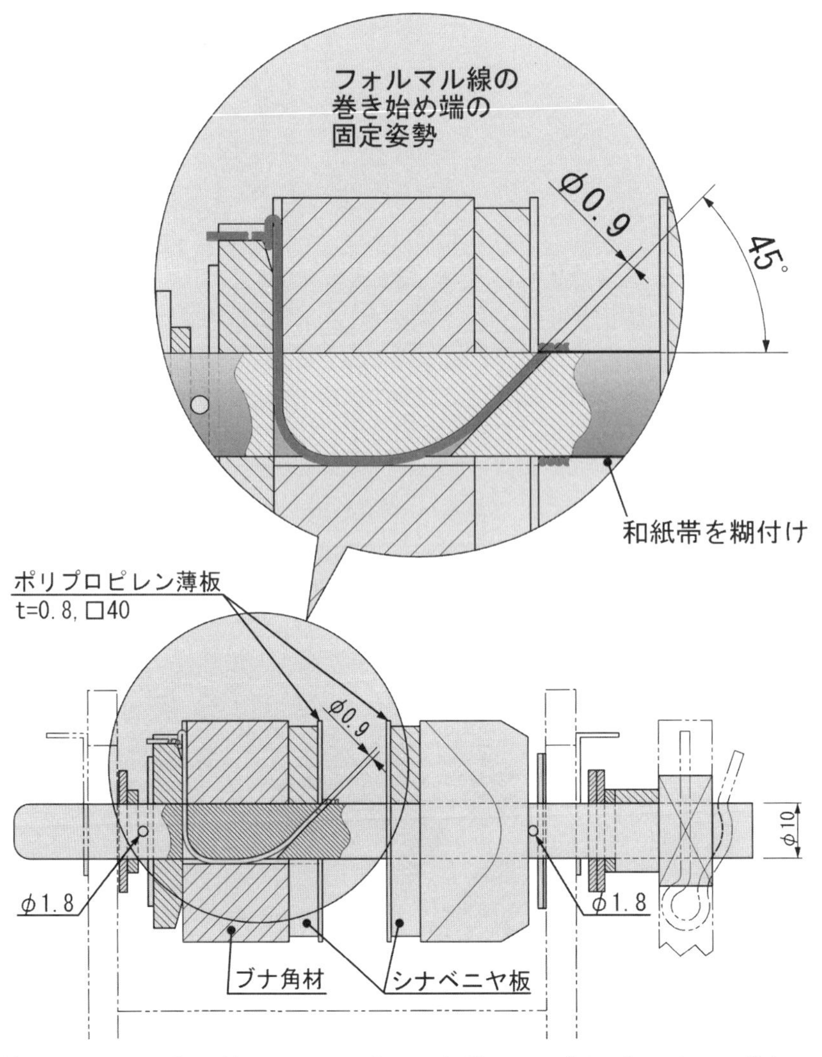

巻き終えましたら巻き軸のスナップピンを抜いてポリプロピレン薄板の左右の部品全部を抜き取りますが、最後に軸芯に糊付けした和紙を水で濡らせば起電コイルを楽に抜き取ることができます。フォルマル線は、軸に斜めに穿孔してあるためにブナ角材の端の円板を取り外せば容易に抜き取りできます。

3.6 起電コイル・ネオジム磁石の排列個数と発電電力の周波数

交流電力は、起電コイルを横切る磁石の磁極の一方が一秒間に一回転したときにプラス電圧が発生した場合、反対側の磁極による起電力がマイナス電圧になり、この正弦波形を「1Hz」としています(図 3-11)。

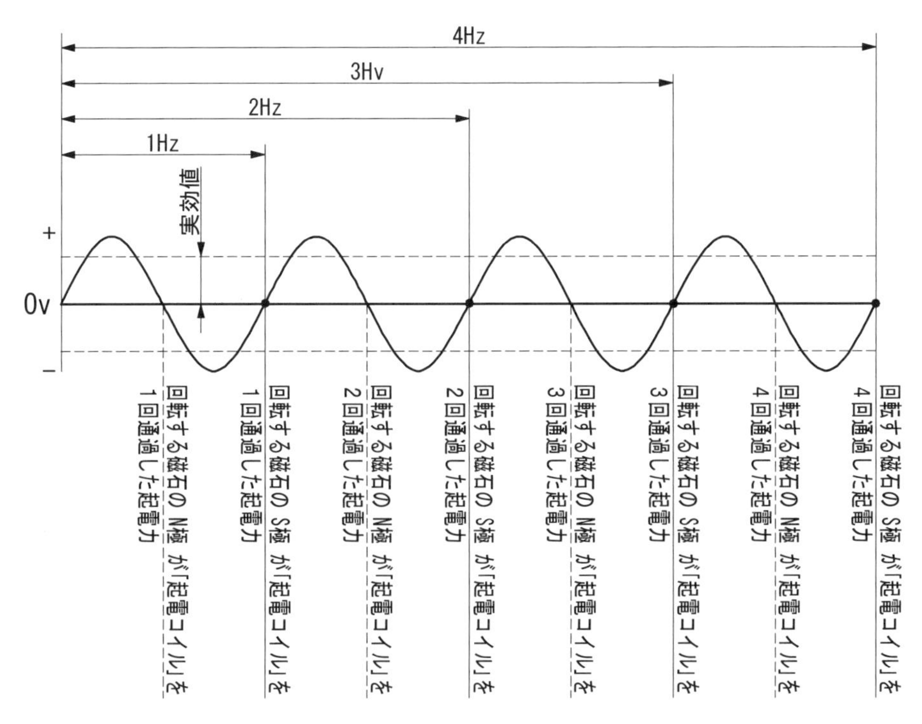

図 3-11 交流電力の正弦波形と周波数

トルク脈動レス発電機の磁石をN•S各１個排列して回転数 8000rpm で回すと周波数(f)は、f=回転数(n)×磁石の数(Q)×0.5/60 秒 → f=8000×2×0.5/60 → f=133Hz になります。磁石をＮ・Ｓ・Ｎ・Ｓの４個排列では、f=8000×4×0.5/60 → f=266Hz になります(図 3-12)。

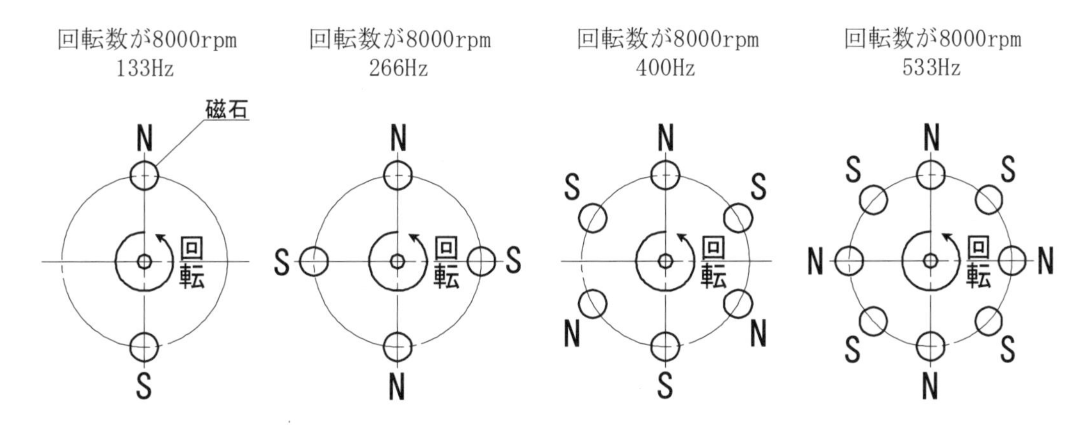

図 3-12 交流電力を発生させる磁石の排列数と周波数

3.7 バッテリへの充電

「**トルク脈動レス発電機**」の交流電力は、その一部を駆動源のＤＣモータに「回生電力」として供給し、「**永久発電システム**」として機能させるには、先ず直流電力に変換してバッテリに充電する必要があります。

回生電力の他に「利用電力」も変圧して直流電力に変換する場合を含め、発生したAC100V の交流電力をトランス(変圧器)で AC24V に落としてダイオードブリッジ モジュールを使用して直流電力に整流する全波整流回路を例示します(図 3-13)。

整流した直流電圧は、交流電圧波形のマイナス部がカットされた脈流電圧(Ripple Voltage)ですが、負荷と並列にコンデンサを接続することにより、コンデンサに蓄えられた電気が脈流電圧を平滑にして安定した直流電圧が負荷に加わります。

なお、変圧されたAC24Vは交流電圧の「実効値」ですので直流電圧に変換すると約1.4倍の約 30V(24×1.414×0.91＝30.88)になります。

【整流回路】

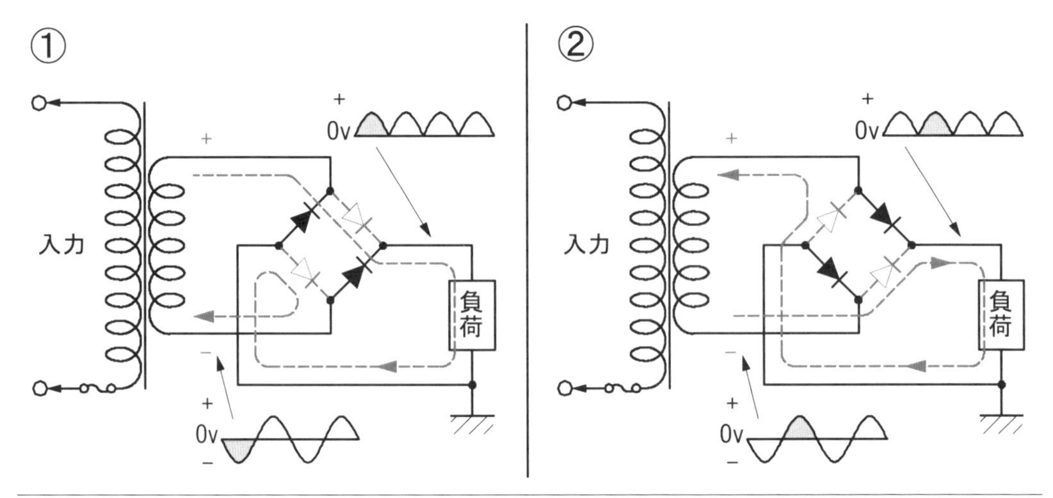

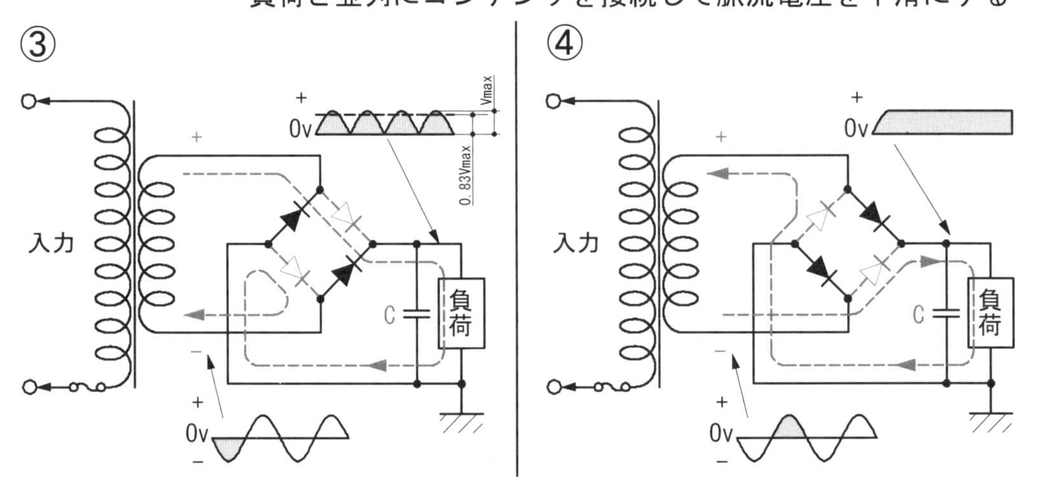

図 3-13 ダイオード ブリッジを使用した全波整流回路図

【電圧制御回路】

バッテリが過充電にならないように、可変型の３端子レギュレータ(LM317)を使用して充電電圧の上限を制御する回路です。「３端子レギュレータ」の Vout と Adj 間の電圧は一定でして標準で 1.25V です。出力電圧の制御は R2 の値を変えて行います。その出力電圧(Vout)は、次の式で計算できます(図 3-14)。

Vout=1.25(1+R2/R1)+Iadj×R2

なお、右端の項(R2)は、Iadj の電流が数十μA と微弱ですので無視します

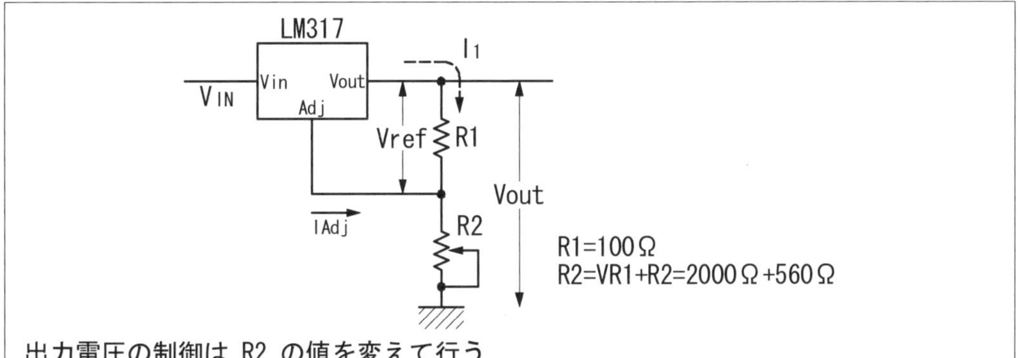

出力電圧の制御は R2 の値を変えて行う

出力電圧:Vout=1.25(1+R2/R1)+Iadj×R2

註:Iadjは、LM317のAdjピンから流れる約50μA程度の微弱電流なので無視して良い

Vr1が 0Ωの時の出力電圧:
Vout=1.25(1+R2/R1) → 1.25(1+560/100)=1+1.25×6.6=8.25 ∴Vout=8.25V

Vr1が2kΩの時の出力電圧:
Vout=1.25(1+R2/R1) → 1.25(1+2,560/100)=1+1.25×26.6=33.25 ∴Vout=33.25V

図 3-14 電圧制御回路図

この回路の出力電圧は約 8V～33V まで制御することができます。充電器からの出力電圧は、この回路の次に電流制御回路が挿入されますので出力電圧は「8V～33V」よりも 2～3V 低下します。

【電流制御回路】

出力電圧を一定にするレギュレータ IC 7805 は、入力電圧が変動しても次ページの図 3-15 における接地端子(G)と出力端子(O)の間の弾圧が 5V になるように動作します。

O-G 間に抵抗器 R3 を接続しますと R3 に流れる電流(I)は、【I=5V/R3】になり、一定になります。R3 の値が変わらなければ負荷に流れる電流も一定になります。それとは逆に R3 の値を変えることで負荷に流れる電流を変えることができます。

〈R3 の決め方〉

今回、充電器の最大電流を 500mA としていますので R3 の抵抗値は、5V/0.5A=10Ω になります。この 10Ωの抵抗器の消費電力は、$I^2 \times R$ → $0.5^2 A \times 10\Omega$ → 2.5W になります。余裕をみて 5W のセメント抵抗器を使用します。

〈VR2 の決め方〉

最低で80mAまで制御するとして、R3+VR2 → 5V/0.08A → 62.5Ω になります。R3を10Ωにしましたので VR2の値は50Ωにしました。この抵抗器の消費電力は、$I^2 \times R$ → 0.08^2A×50Ω → 0.32W になります。余裕をみて2W の可変抵抗器を使用します。

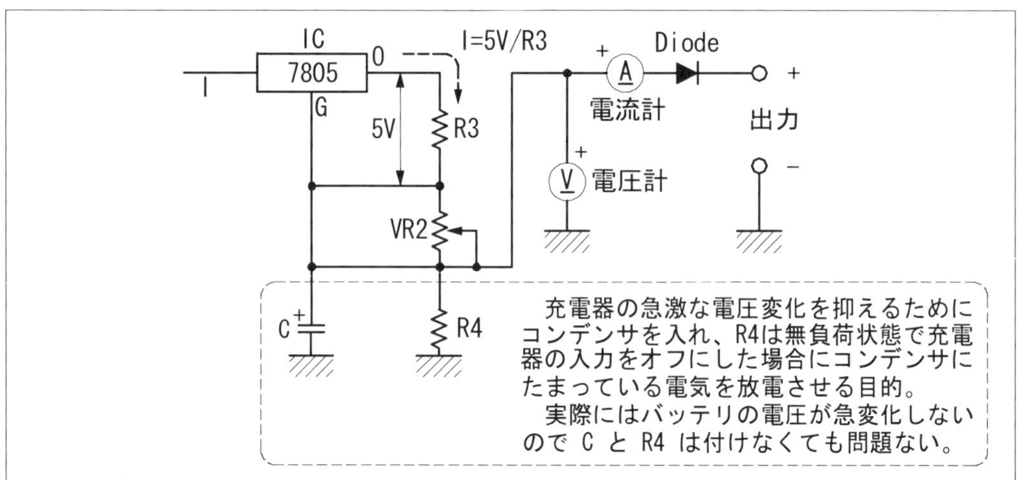

電圧レギュレータ7805は、入力電圧が変動しても接地端子(G)と出力端子(O)の間の電圧が 5V になるように動作する。
O-G間に抵抗器R3を接続すると R3 に流れる電流は、I=5V/R3 なり、R3に流れる電流は一定になる。
そのR3に流れる電流は、負荷に流れる電流なのでR3の値が変わらなければ、負荷に流れる電流も一定になる。

図 3-15 電流制御回路図

集積回路(IC)7805 は、出力電圧を一定にする電圧レギュレータです。したがって、前出の**【電圧制御回路】**に使用した可変型の３端子レギュレータ(LM317)も使用できますが、小さな抵抗値の間で電流値を制御することになるために抵抗値の誤差を考慮すると制御しにくくなります。

これとは逆に、出力電圧が大きいレギュレータを使用すると、制御用の抵抗器の消費電力が大きくなります。一例として 12V のレギュレータを使用した場合、500mA の電流にするには24Ωの抵抗になり、消費電力が 6W になります。

これらの理由から、電流制御には集積回路(IC)7805 が適していることになります。

充電器の出力回路には、電圧計、電流計それに逆電流防止ダイオードを取り付けます。電圧計にも微量の電流が流れますので電流計よりも上流側に接続します。

逆電流防止ダイオードは、充電器をバッテリに接続した状態で入力電力(AC100V を変圧して得た AC24V)がシャットした場合にバッテリから充電器に逆流することを防止するために必要です。

3.8 直流定電圧電源の製作

ＤＣ小形モータを駆動する電源に単一アルカリ乾電池６個を直列接続して DC9V の電源を得ていましたが、無負荷で回転させている場合にはＤＣ小形モータに内在する発電機能により電源とは逆向きの電力が発生して両電力が均衡してほとんど電流が流れません。

しかし、ＤＣ小形モータに負荷が加わりますと乾電池からの電流が急激に増加して負荷相応の電力を消費します。アルカリ乾電池の電力は、その大電流が流れることにより蓄電電圧が急速に消費されて供給電力が減衰します。常時 DC9V の電源を維持しなければ実験に支障を来します。つまり、ＤＣ小形モータに負荷が加わっても電圧が降下しない定電圧の直流電力が必要になります。

＊＊＊＊＊＊＊＊＊＊＊＊＊＊＊ CONTE ＊＊＊＊＊＊＊＊＊＊＊＊＊＊＊

Web 通販で定電圧電源装置を検索して ALINCO 製の機種「定電圧電源 DM-310MV」をアマゾンから購入しました。ところが、アマゾンおよび ALINCO 社両社の仕様の説明不足でＤＣ小形モータを駆動する機能の製品ではないことが届いた製品をみて判明しました。

写真 3-14 広告に用途の説明がされていない製品

土木建築用「足場」製造の他に無線通信機用電源も手掛けている ALINCO 社に問い合わせましたが、担当者は同梱のちゃちな取扱説明書に記載の文言、商品の説明に欠落している事項、下の３項目を繰り返して電話で説明するだけで埒があきませんでした(写真 3-14)。

① バッテリの充電器としては使用できない

② 照明器具、モータ、コンプレッサを使用する機器では動作しない

③ 自動車のシガーライタは使用できない

つまり、使用目的の「ＤＣ小形モータの駆動」には使用できず、それにも拘わらず時代遅れの喫煙に使用する「シガーライタ ソケット」が装備されているのですから言語道断の愚行、蛇足設計です。広告の説明には不可欠な文言「この電源は、無線通信機用です」のステッカが、届いた商品のケース カバーの側面右手前に貼られていました。なぜ広告の製品説明にこれを表示していないのか、消費者を欺く詐欺商法です。

器機の底面に貼られている銘板に「1-15V 8A」と記載されていて、前面のねじ式出力端子が 10A、プッシュ式式出力端子が 6A、シガーライタ ソケットが 10A との表示がバラバラなのも奇異ですし、段ボール箱に ASSEMBLED IN CHINA が印刷されているものの製品そのものにはその表示がありません。

メーカ希望価格 18,144 円の 70%引きの価格が 10,800 円、ガツガツと返品の交渉をしていても大したメリットがありませんので、不良器機の部品の一部を利用して改造することにしました。欠落している項目①、②および③に拘っていては埒があきませんので換骨奪胎の大改造、下記の回路を設計しました(図 3-16)。

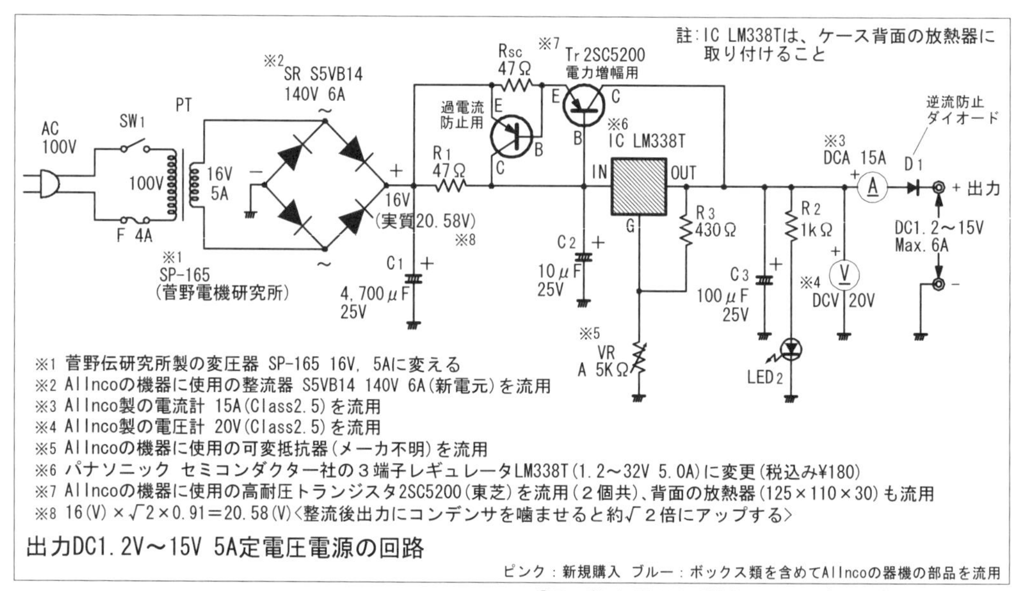

・①平ラグ板 L-3522-8P、②放熱用シリコングリス、③絶縁板(12x16mm)
④絶縁ワッシャ も購入する。③、④は、LM338T用。

E_{1-0}=20.5(V)-15(V)=5.5(V)　P=E_{1-0}×5(A)=27.5(W)　T_{jc}=4℃
LM338の接合部温度：$T_{j\,max.}$=27.5(W)×4(℃)=110(℃)
放熱器に加えた電力25W時の温度上昇値：約40℃(ALINCOの器機に装着されている放熱器30F152,L=110[中国製]の場合)

出力電圧の計算
E_{out}=1.25(1+5000/430)=15.78(V) ←OK

P=E_{1-0}×5(A)=27.5(W)
E_{1-0}=5(V)
IN　IC LM338T　OUT
E_1=16(V)　E_0=15(V)
G
大電流用３端子レギュレータ

図 3-16 不良器機の大改造回路図

大改造の直流定電圧電源にはバッテリの充電器としても使用できるように出力側の直前に電流が逆流しないように逆電流防止ダイオードを取り付けてあります。

＊＊＊＊＊＊＊＊＊＊＊＊＊＊＊＊＊＊＊＊＊＊＊＊＊＊＊＊＊＊＊

ケース背面の大サイズ放熱器に電圧可変レギュレータ LM338T(パナソニック セミコンダクタ製)および電力増幅用トランジスタ 2SC5200(東芝製)を装着してありますので、それら部品の配置に沿った回路の半実体図を次に載せました。

定電圧電源の主要部品で金額の張る「変圧器」は、ALINCO 社製では電流が大き過ぎますので国産の製品に交換しました(図 3-16a)。

電圧可変レギュレータや電力増幅用トランジスタは、200 円ほどの金額で市販されていますが、「変圧器」は約 4,000 円ですので、交流 AC100V を直流 DC9V 5A を得るだけであれば、電流は既定ですから電流計不要、電圧はテスタの電圧モードで計測できますので変圧器、整流用ダイオードブリッジ モジュールおよび電解コンデンサを使用してハンディな直流定電圧電源を拵えることができます(写真3-15)。

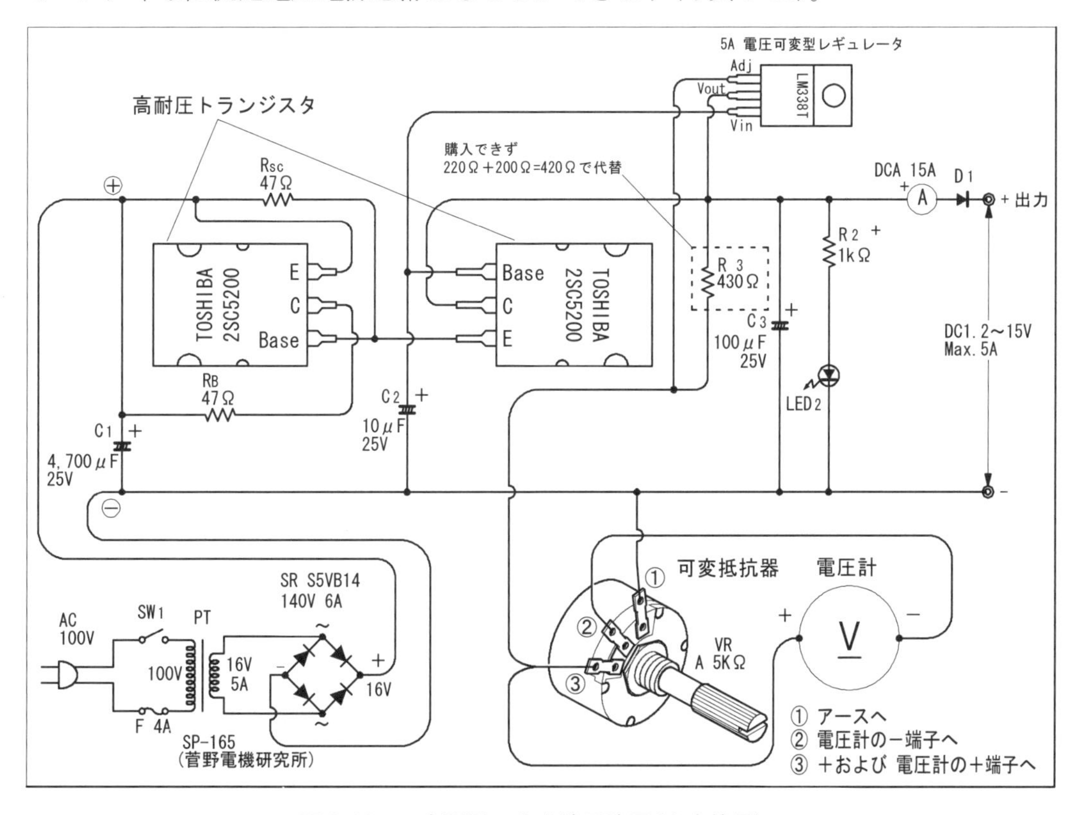

図3-16a 不良器機の大改造回路図(半実体図)

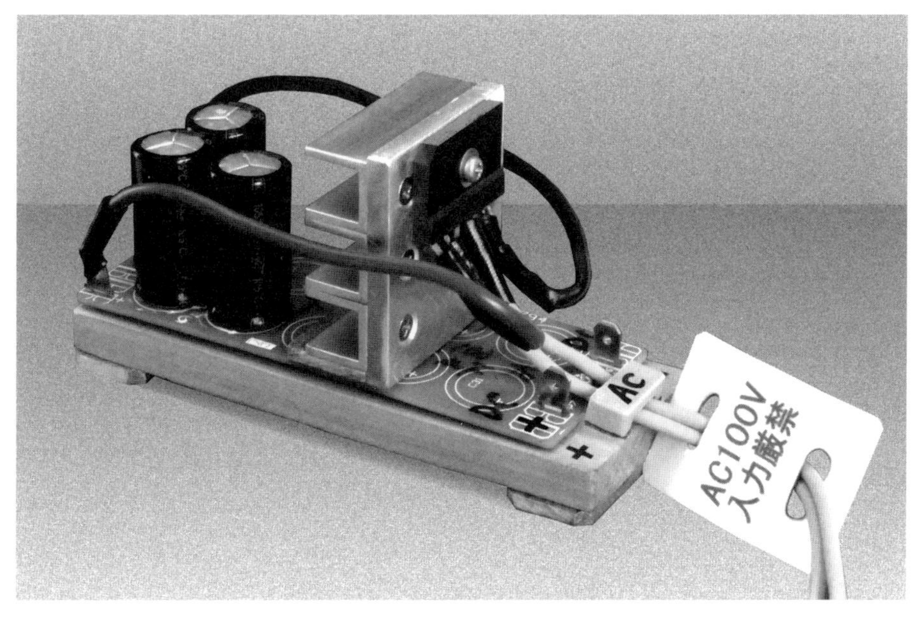

写真3-15 手作りハンディ整流器

テスタに表示される交流電源の電圧は実効値ですので、それを整流用ダイオードブ

リッジ モジュールで直流に整流した場合にはその約 83%の電圧がテスタに表示されます。しかし、コンデンサを接続すると図 3-17 のように「直流に近似」の「脈流(リプル)」になり、その電圧は「実効値×√2」の理論値」ではなく、電圧降下が加味された「実効値×√2×0.91」が表示されます。

したがって、DC9V の電圧を得るには、交流 AC100V 5A を AC7V に変圧する変圧器を使用して整流すれば「7×√2×0.91≒9」、DC9V の電圧になります(図 3-18)。

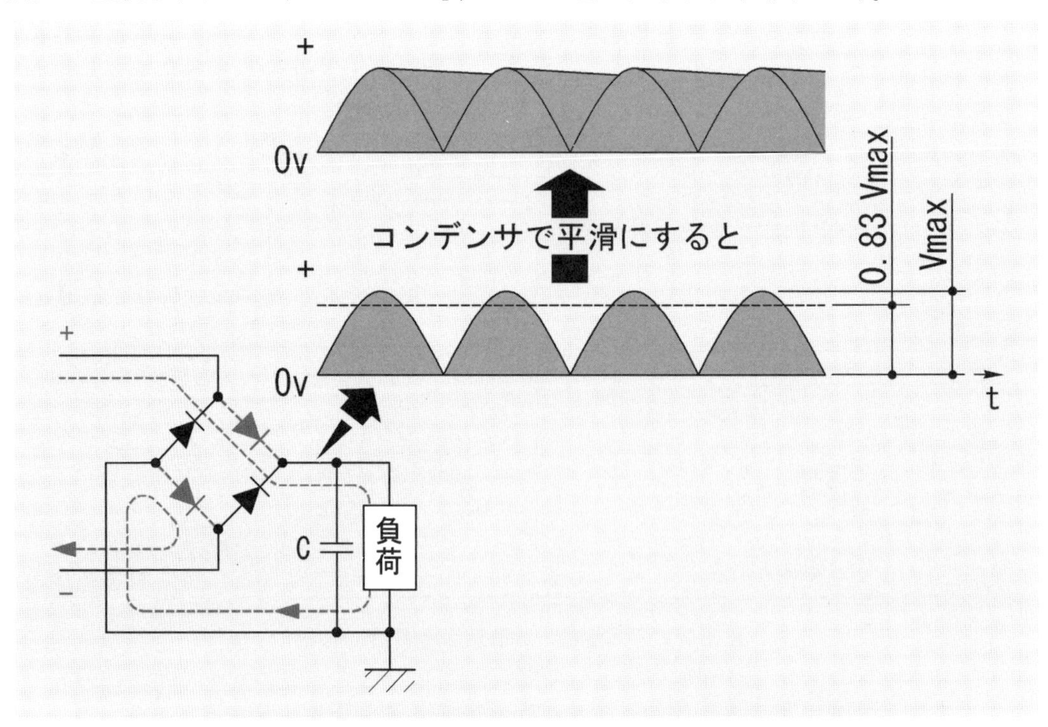

図 3-17 直流に近似の脈流にするコンデンサの効果

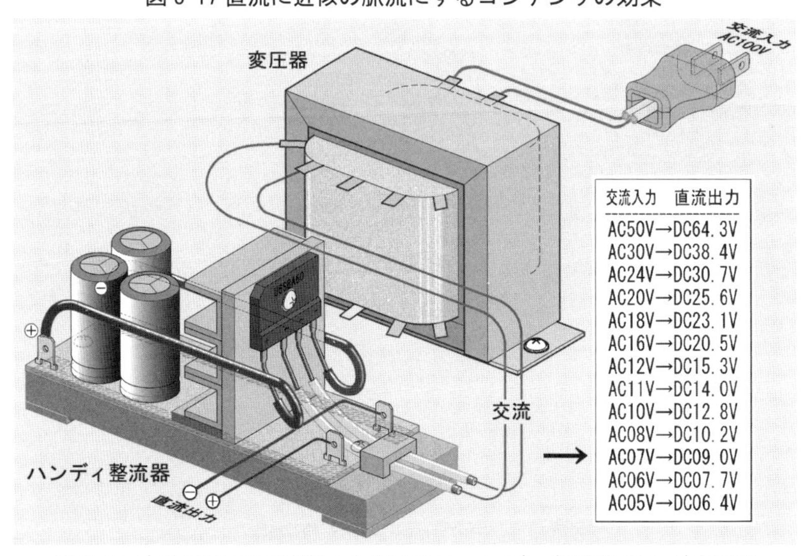

図 3-18 直流に近似の脈流にする手作りハンディ整流器および変圧器

整流した直流電圧がDC9V 5Aの場合、直流モータを回転させるには電解コンデンサの容量が 4700μF で十分ですが、電解コンデンサ３個を並列に接続して３×4700(μF)＝14100(μF)になれば静電容量が増えて、無線通信機やオーディオ器機の場合には脈流(リプル:ripple)ガ小さくなり、安定した直流電力が得られます(図3-19)。

無線通信機やオーディオ器機のスピーカから出る「ブーン」というハム音は、脈流が大きいと目立ちますが、電解コンデンサの静電容量を大きくすると、その影響が軽減されます。通常、出力平均電圧に対するリプル含有率は約10%と言われています。

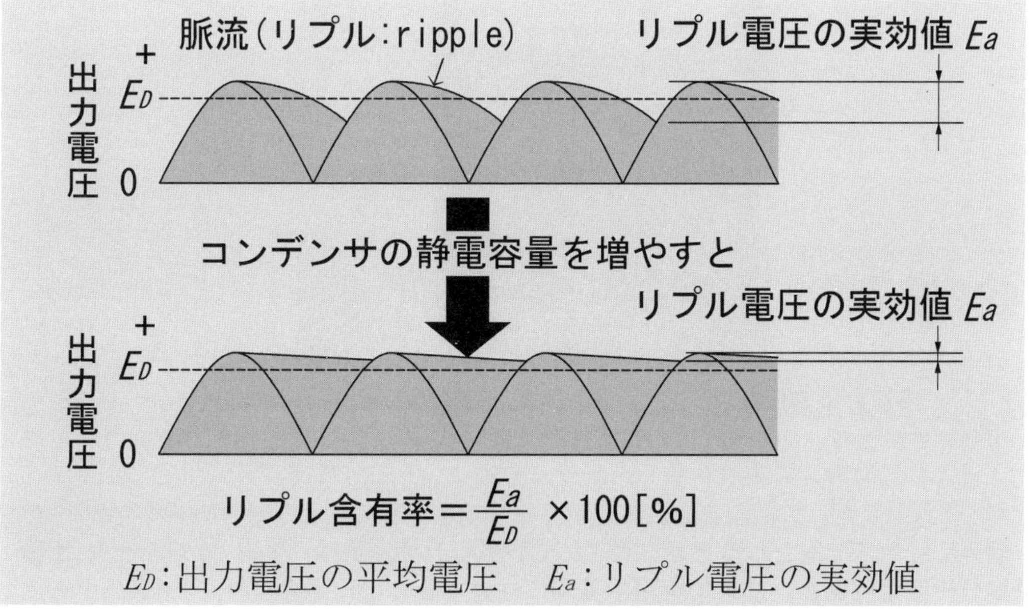

図3-19 整流した直流に含まれるリプル含有率

余談ですが、ＤＣ小形モータを駆動するための直流電源は、無線機やオーディオ機器では発生する「ハム音」を極力除去する必要性が無いとしても「理想的な直流電源」に近いのに越したことはありません。

前出の手作りハンディ整流器(写真3-15､図3-18)には4,700μFの電解コンデンサを３個も使用していますが、前出の ALINCO 社製無線通信機用の機器を分解した時の「プリント基板と電解コンデンサ」を有効利用したためでしてなんら支障はありませんが、ＤＣ小形モータ駆動用電源に使用するにしては用途にマッチしない過剰品質ですし無駄です。なお、テスト中に誤って過電流を投入して電解コンデンサをパンクさせてしまいましたが、新しいモデルを拵えました。

3.9 電圧計と電流計

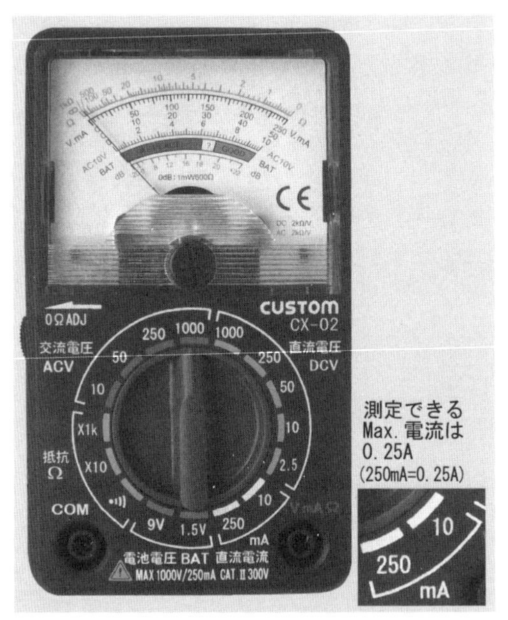

写真 3-16 市販のアナログ テスタ(発売元:朝日電器㈱/製造元:㈱カスタム)

市販のテスタは、主として「抵抗値と電圧」の測定用でして、電流値は電流計を導線間に挿入して通電して測定するために最大 250mA (0.25A)の微少電流までしか測定できず、それを超える大電流をこれらのテスタで兼用することはできません(写真 3-16)。

購入時にテスト用として予め内蔵されている単三乾電池は、Made in China の「**出荷時動作確認用であり、初めて使用する際には必ず新しい電池と交換されたい**」とのことが取扱説明書に明記されています。

Made in China 乾電池の装填年月日が不明、それにマンガン乾電池なのかアルカリ乾電池なのか、使用推奨期限の表示がないなど、品質が保証されていませんので液漏れの可能性があります。上記の製品は、以前に使用していた機種(Made in China)が乾電池の液漏れで電極部が腐食して動作不良になりましたので買い替えたものです。

写真 3-17a 市販の交流電流計

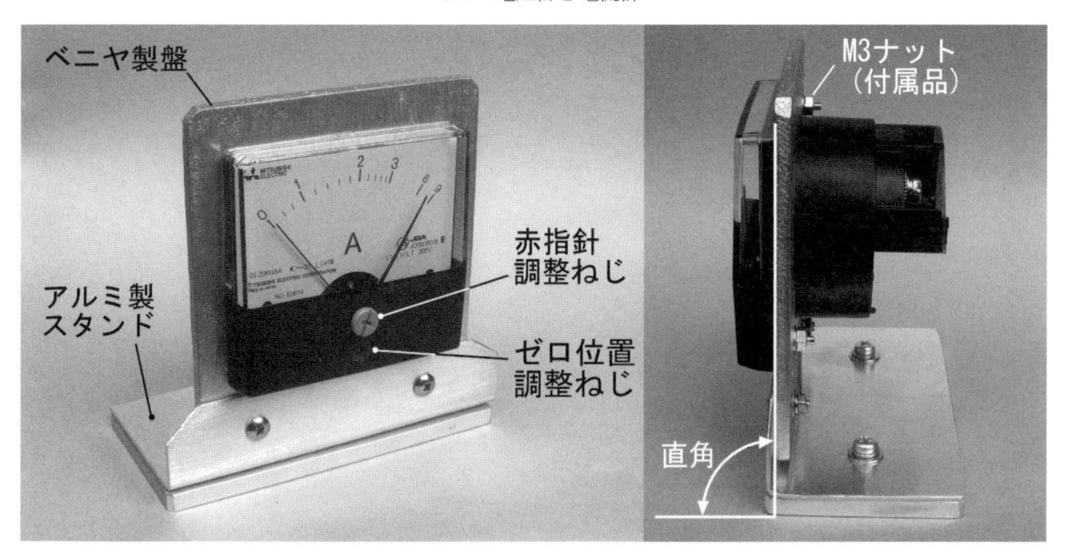

写真 3-17b 交流電流計の手作りスタンド

「トルク脈動レス発電機」の出力は、交流ですので交流電流計を使用して計測しますが動作原理が可動鉄片形ですので取付姿勢を鉛直(目盛板が水平面に対して鉛直の意味)にします。目盛板面を「斜め」あるいは「水平」にしますと可動部に無理が掛かって正常に作動しません。市販品の電流計(三菱電機製角形 64x60)には写真 3-17b のようなスタンドは付属されていませんので自作します(図 3-20)。

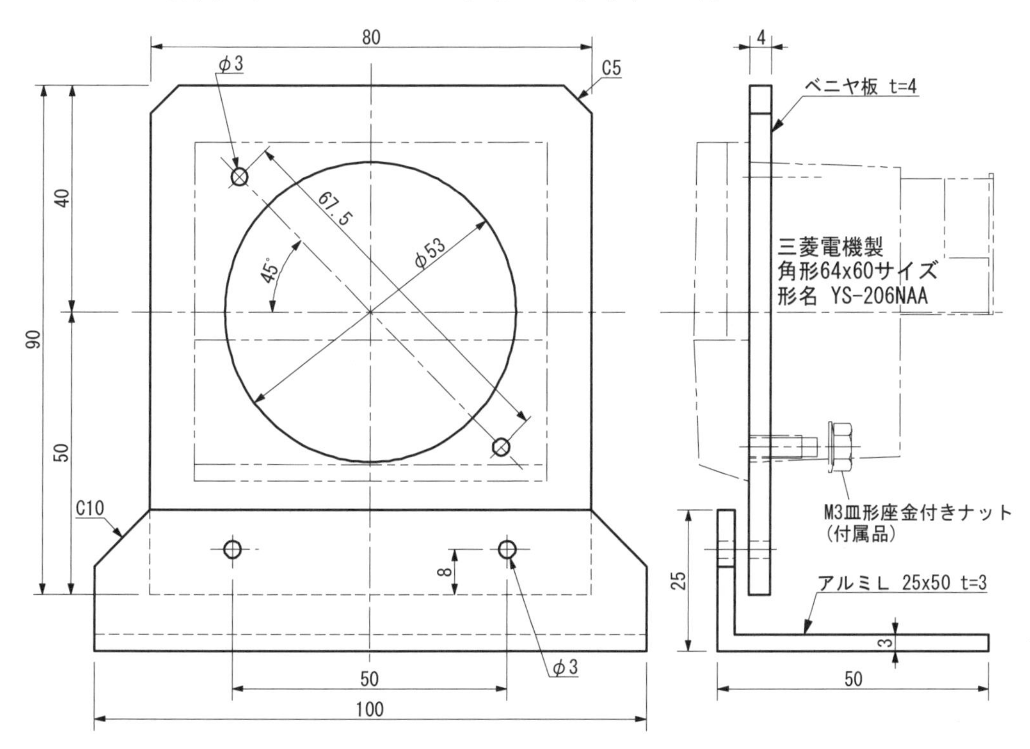

図 3-20 スタンドの製作図

回路図の図3-16、図3-16a中の電流計は、直流用ですので大改造した機器に使用されているものを流用しました。写真 3-17a の交流用電流計は、「トルク脈動レス発電機」のテスト機用に購入しました。

直流定電圧電源用に購入しました㈱A＆D自社製 AD-8722D(DC 0-20V 可変、5.0A、重量3.7kg)は、「トルク脈動レス発電機」のテスト機用に使用できませんでしたが、後日別の機会に利用できると思いまして分解せずに保管してあります(写真3-18)。この機器の電圧計と電流計はディジタル式です。

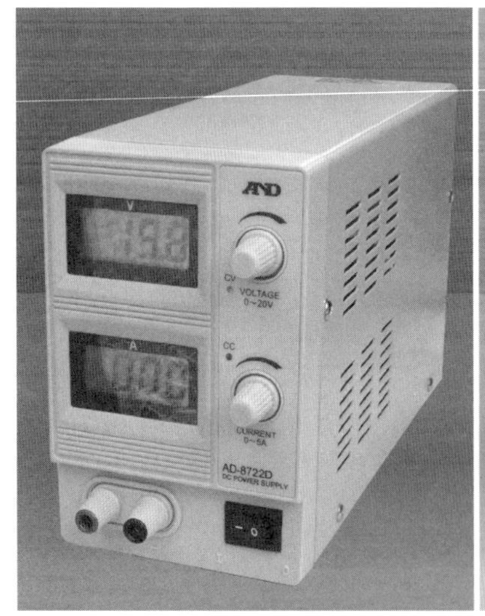

写真3-18 ㈱A＆Dの直流定電圧電源 モデルAD-8722D

この機器のカヴァーを取り外して見ると、㈱A＆D自社製の丸形トランス、二段重ねの放熱器の他に、その奥に冷却ファンが見えます。

因みに、㈱A＆Dは、この機器の他に、最大200gまで計量でき、精度が0.1gの精巧なディジタル秤も製造･販売している企業です。

3.10 永久発電システムの実験機セット

シナリオやリハーサル無しの即興が「実験」ですから予想していないハプニングの連続でした。

①直流定電圧電源選択のトラブル、②ＤＣモータと発電機の回転軸をつなぐカップリングの破損事故、③高速で回転するネオジム-鉄-硼素磁石の飛散事故があり、実験の最終段階では発電機の交流を直流に変換する旧モデル自作整流器の④電解コンデンサがパンクしていたのに気付かず、「永久発電システム」の確認が危ぶまれました。

「AC100V 入力厳禁」のステッカは、AC100V につないで配電盤のブレーカが落ちた後に付けたのですからその時点で電解コンデンサがパンクしていたのでした（写真 3-19）。

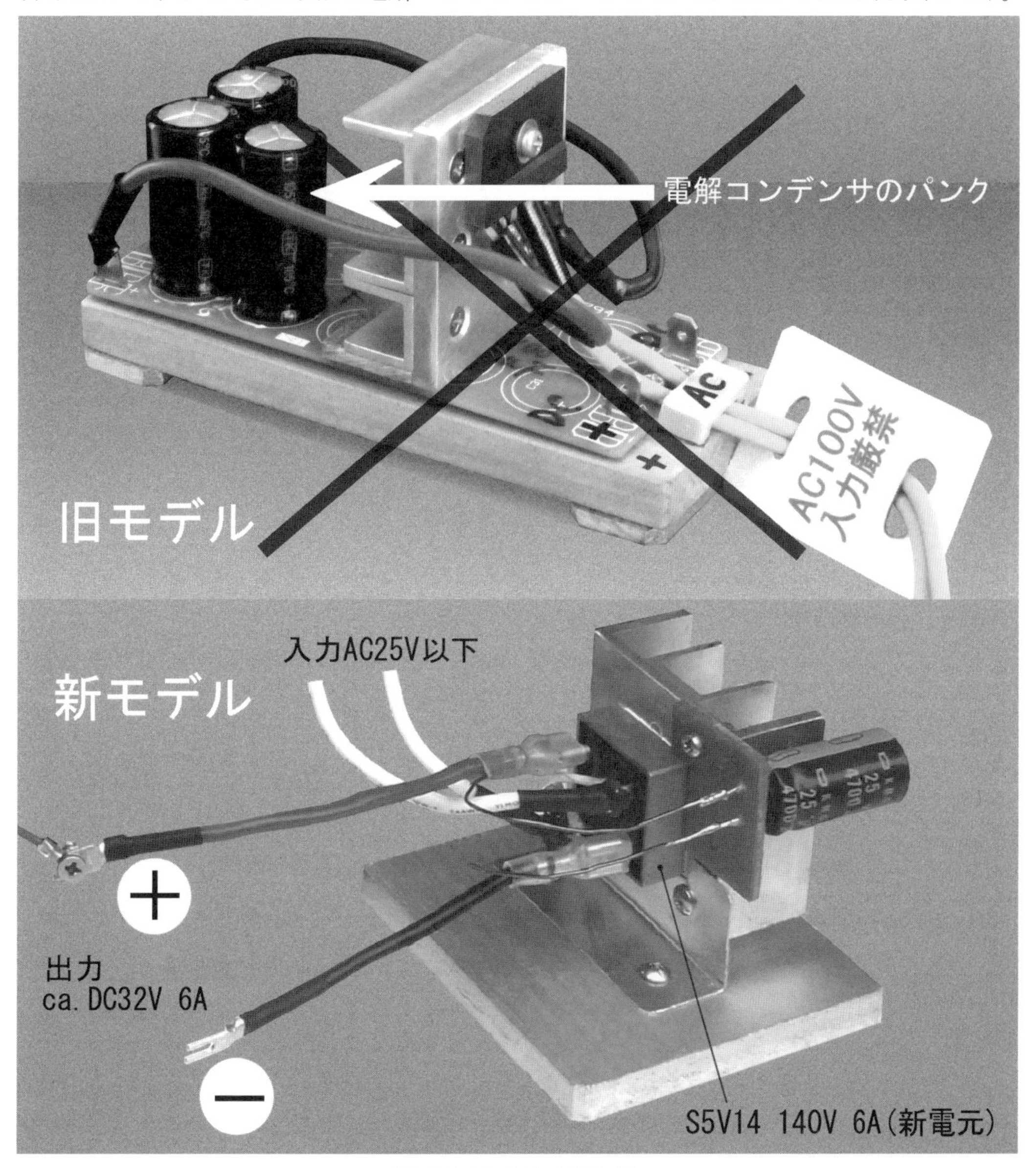

写真 3-19 自作の整流器

新モデルの整流器を拵え、「永久発電システム」の主要素のバッテリは使用していませんがＤＣモータ RS-540SH を用いたダミーロードを掛けて無事にテストに成功しました(写真 3-20)。

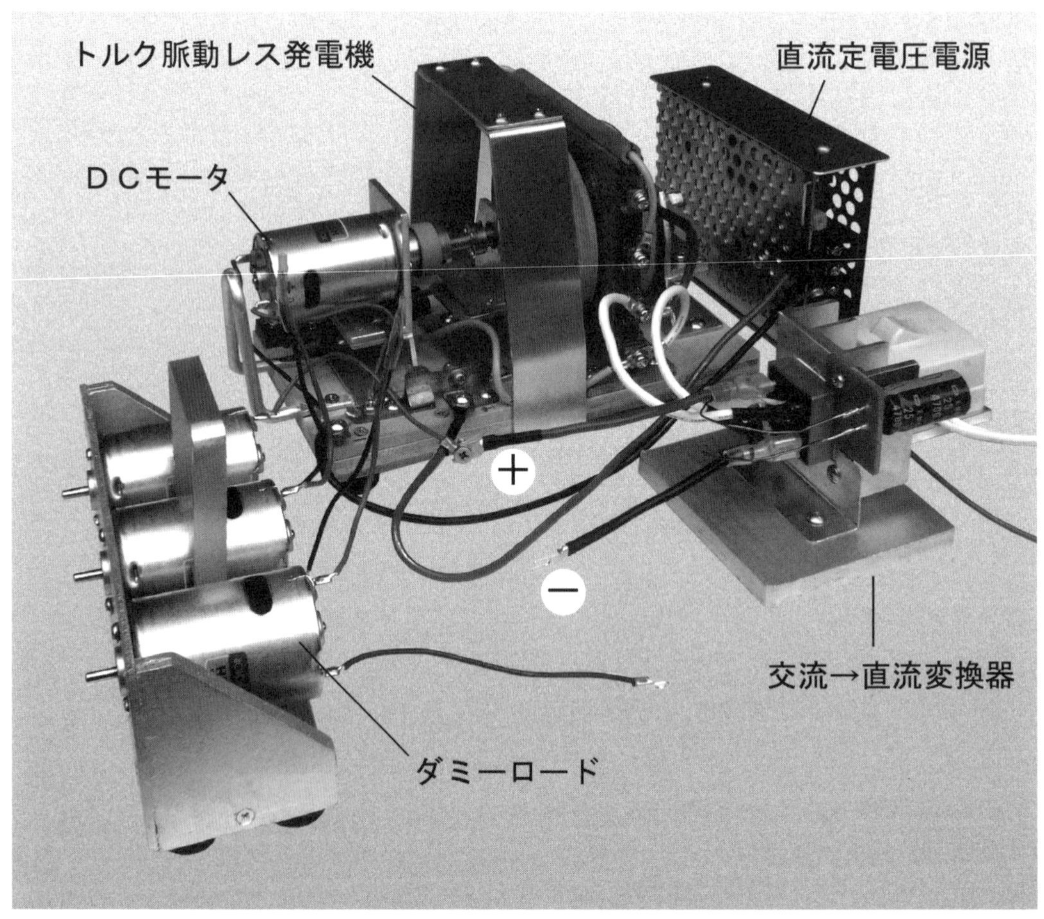

写真 3-20 永久発電システムの実験機セット

因みに、この最終テストを通じてＤＣモータを駆動させる直流定電圧電源は、商業電力の AC100V を利用しているのですが、その電圧変動で出力電力の DC9V が必ずしも一定ではなく、常に変動しているのも確認できました。深夜電力を使用すればある程度安定した電圧になると思います。

因みに、「**永久発電システム**」の「**トルク脈動レス発電機**」の電流は、起電コイルの巻き線太さφ0.8㎜に相応の 6A でしたから、起電コイル４個を直列に接続した直流では出力 540W(6×DC90V＝540W)を計測しました。

交流のままの AC70V では 420VA ですから、台所の電子レンジに接続してスイッチ オンの５分後に酒の肴を「チン」し、永久発電システムの特許出願完了を祝って「乾杯！」です。

第4章　風車用トルク脈動レス発電機の設計と製作

4.1 風車用トルク脈動レス発電機

風車の動力で稼働させる計画の「**トルク脈動レス発電機**」でしたので小形ＤＣモータを動力源にするコンパクトな実験機の製作以前に設計済みだったことは前述しました。風車用では起電コイルの直径が大きく、排列数が多いためにその排列直径も大きくなっています(図 4-1、図 4-2)。ＤＣモータで駆動させるには慣性モーメントが大き過ぎますが、風車用の発電機製作の参考になりますので載せました。

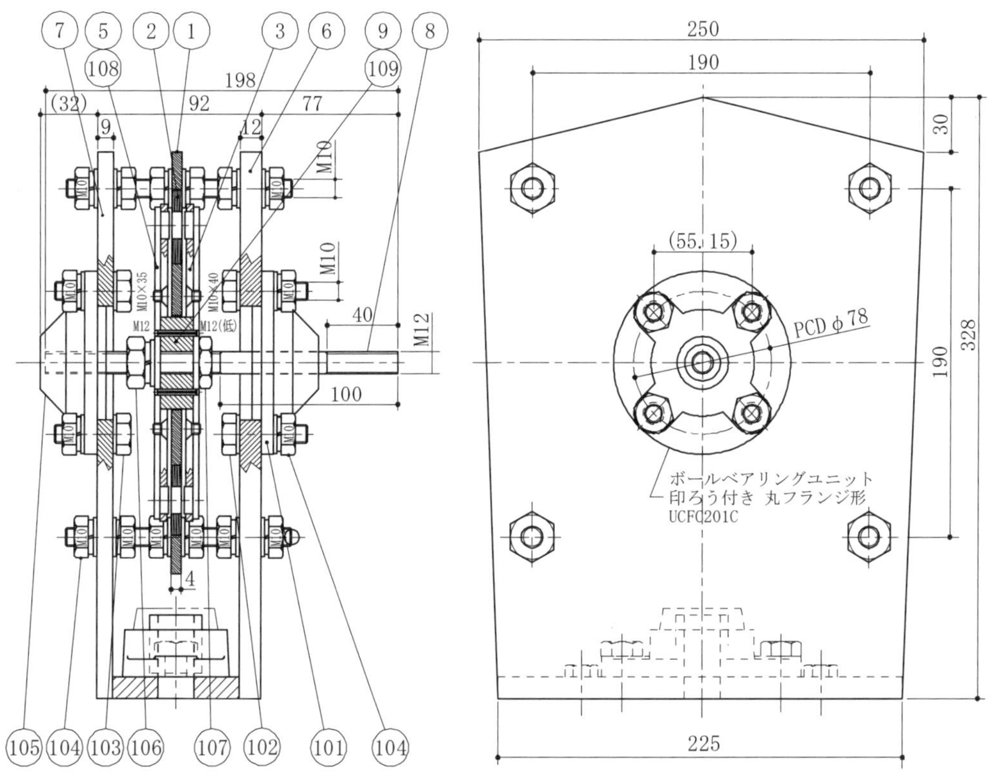

番号	部品名称	個数	材質、型式
1	コイル装着板	1	シナベニヤ板
2	コイル	10	ホルマル線 0.7mm
3	磁石位置決め板	2	シナベニヤ板
4	ネオジム磁石	20	HXNH-D15-L5(ミスミ)
5	円形ヨーク	2	SPCC t=3.2 黒染
(6)	支持板 A(風上側)	(1)	外装部組立図参照
(7)	支持板 B(風下側)	(1)	外装部組立図参照
8	ステンレス主軸	1	FWBS12-198-E98-F40
9	ヨークセンター	1	SS400

※ 番号8、109はミスミの型式

番号	部品名称	個数	サイズ、型式
101	ボールベアリングユニット	2	UCFC201C
102	六角ボルト FW付き	4	M10×40
103	六角ボルト FW付き	4	M10×35
104	六角ナット SW,FW付き	32	M10
105	ボールベアリングユニット	1	UCFC201D
106	六角ナット SW,FW付き	1	M12
107	六角低ナット(SUS)	1	M12
108	皿小ねじ(SUS)	8	M6×8
109	ステンレス長ねじ M10	4	FABBS10-130
110	スプリングピン(SUS)	2	φ3×22

図 4-1 トルク脈動レス発電機の組立図と部品表

屋外に設置する発電機は、耐水性・耐候性が不可欠ですから使用するベニヤ板には加工・仮組立後に分解して耐水性塗料で塗装します。また、ステンレス主軸を支えるボールベアリング ユニットは両シールタイプを使用していますが、外函と接する部分、取付ボルト部から雨水が入り込まないようなシーリングが必要です。

外函部には山形のアルミ製屋根、ベニヤ板製側板が取付きますが、下の組立図と部品表(図 4-1)とは別に「外装および電極部」(後出の図 4-12)として分けてあります。

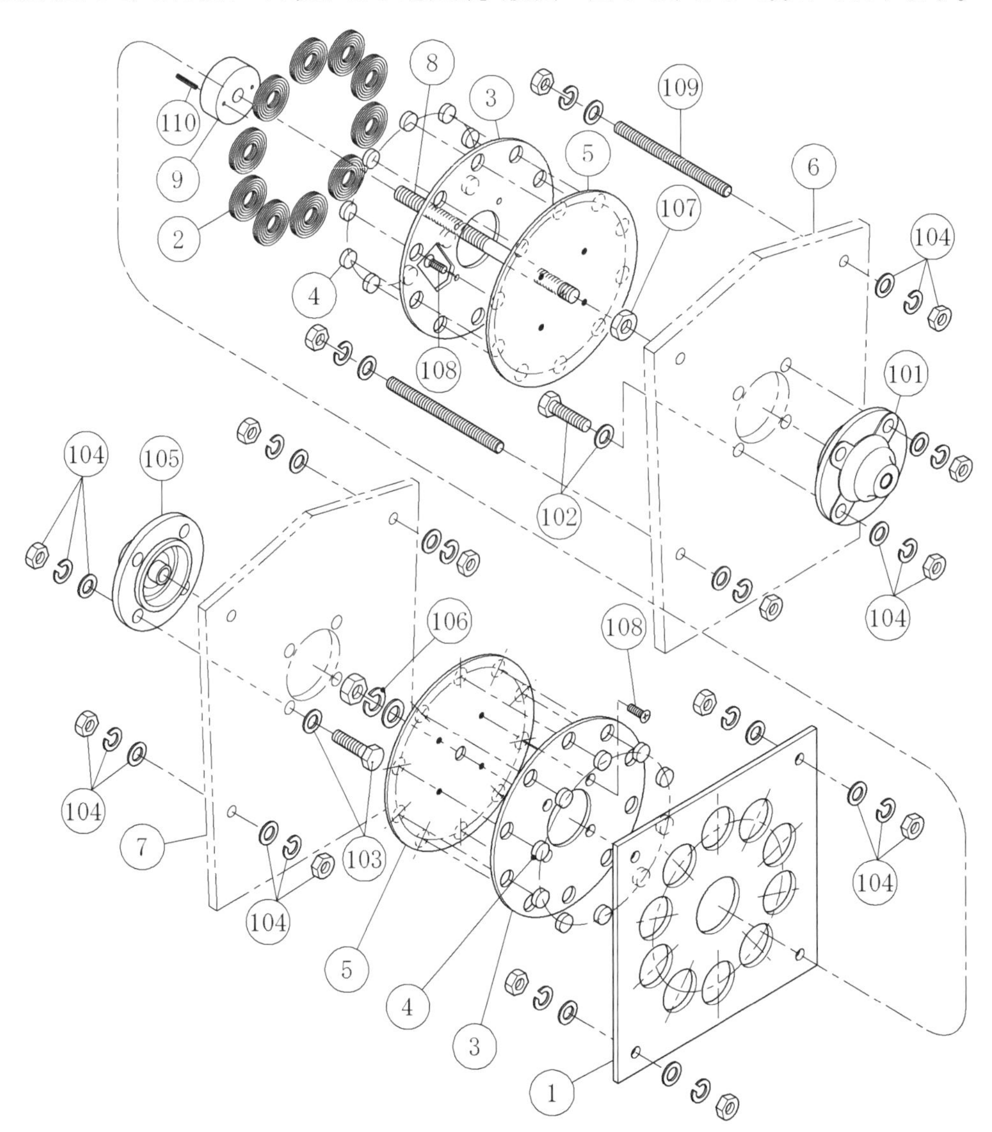

図 4-2 10 極トルク脈動レス発電機の分解図

次ページの図は、トルク脈動レス「交流発電機の電圧と周波数」の特性を図化しましたが、微風から徐々に風が強くなり、風車の回転数がほぼ 3,000rpm に達した場合を想定した例です(図 4-3)。

微風では発電機の回転数が低くて発生電圧も低いのですが、発電機の回転数が

3,000rpm に達成してほぼ一定状態を維持すると発生電圧および周波数共に安定します。しかし、実際には常に風力が変化するために発生電圧および周波数共に絶え間なく増・減することが現実です。したがって、一定周波数・一定電圧を確保・維持するのは困難です。

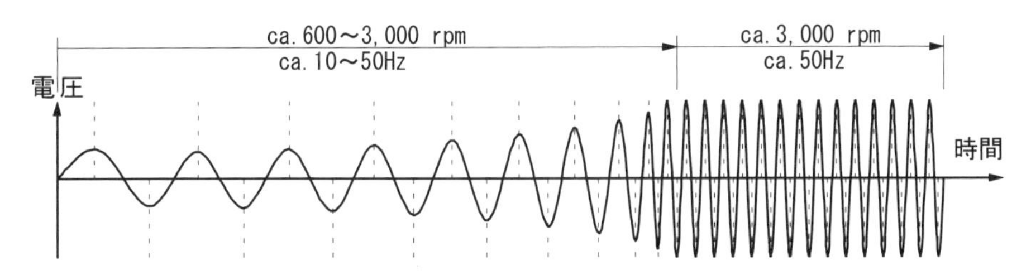

図 4-3 トルク脈動レス交流発電機の電圧と周波数の特性

「トルク脈動レス発電機」の円周状に排列したネオジム磁石は、N 極→S 極→N 極→S 極・・・の順に交互に磁極の向きを替えて排列します(図 4-4)。

ネオジム磁石の磁極を N 極→N 極→N 極→N 極・・・あるいは S 極→S 極→S 極→S 極・・・の順にしても「起電コイル」から電力が発生しますが電圧が半減します。

発生した低電圧は、計測するテスタの直流モードでは表示されず、交流モードで表示されますので＋・－に交番する全波交流ではなく、＋側あるいは－側の半波交流あるいは起電コイルの側近の磁極と外側の磁極の交番なのかもしれません。

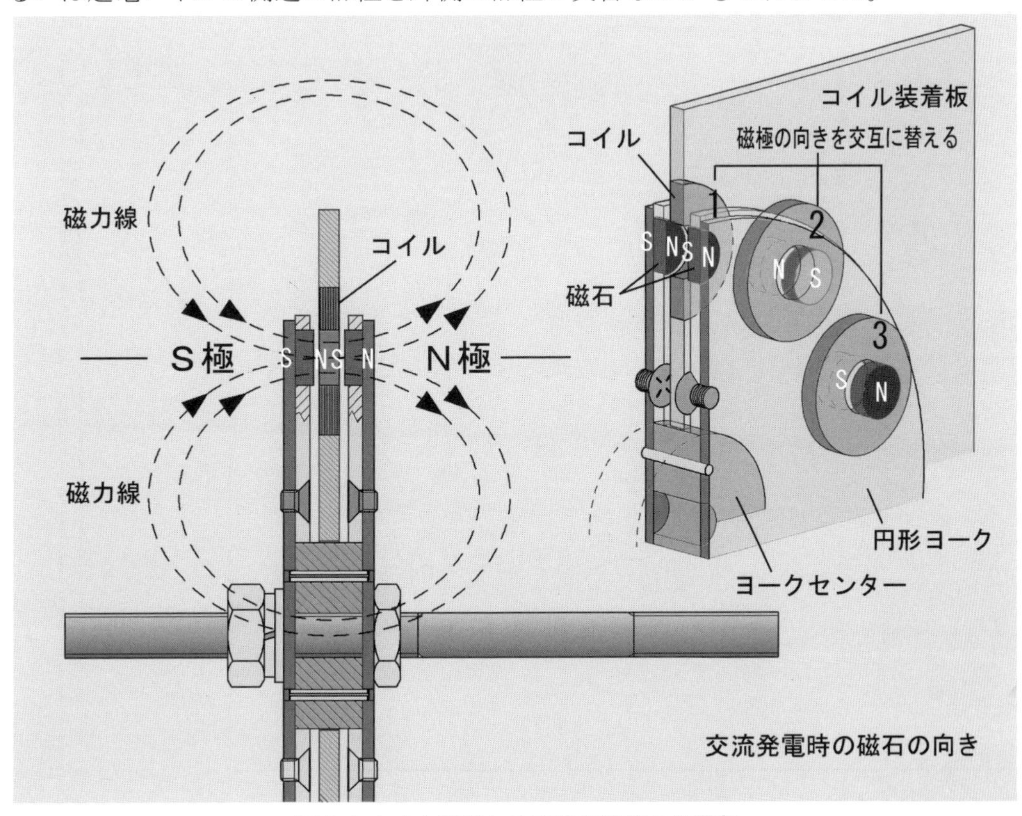

図 4-4 トルク脈動レス交流発電機の発電部

4.2 製作図

シナベニヤ板製のコイル装着板は、固定部品ですから「起電コイル」の排列直径が多少偏心・位置ズレがあっても発電機能に支障を来すことはありません。しかし、穴に埋め込む「起電コイル」の厚みが板厚(5.5mm)を超えていますと、高速回転するネオジム磁石と接触する可能性があります。

使用するシナベニヤ板のサイズは、5.5mm と 9mm の二種類が規格品として販売されていますので、「起電コイル」とネオジム磁石が接触する場合には、コイル装着板を両側から挟む「磁石位置決め板と磁石吸着鉄板セット」との間隔を広くします。しかし、その間隔が狭い場合の起電力が大きいので「広過ぎる隙間」は好ましくありません。

それとは反対に「狭過ぎる隙間」は、強烈な吸着力のネオジム磁石だけに、「磁石吸着鉄板」から離れてネオジム磁石同士が吸着してしまう可能性がないとも言えません。

因みに、コイル装着板は、直接風雨に触れませんが湿度の影響で腐食する可能性がありますので、油性塗料で塗装するのが得策です。固定ボルトを通す四隅のφ10 の穴部は低粘度の瞬間接着剤を塗布・浸透させて耐分解に備えて強度を高めておきます。

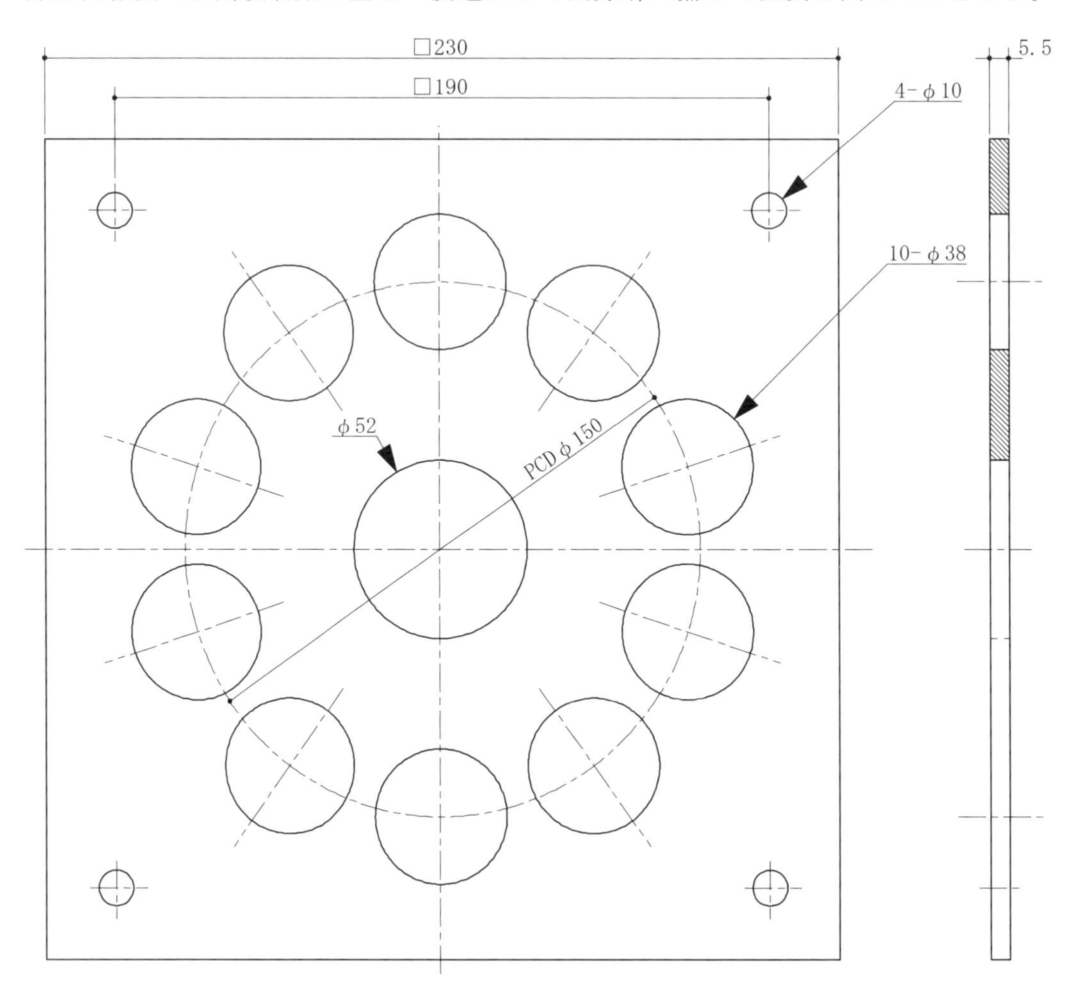

図 4-5 コイル装着板

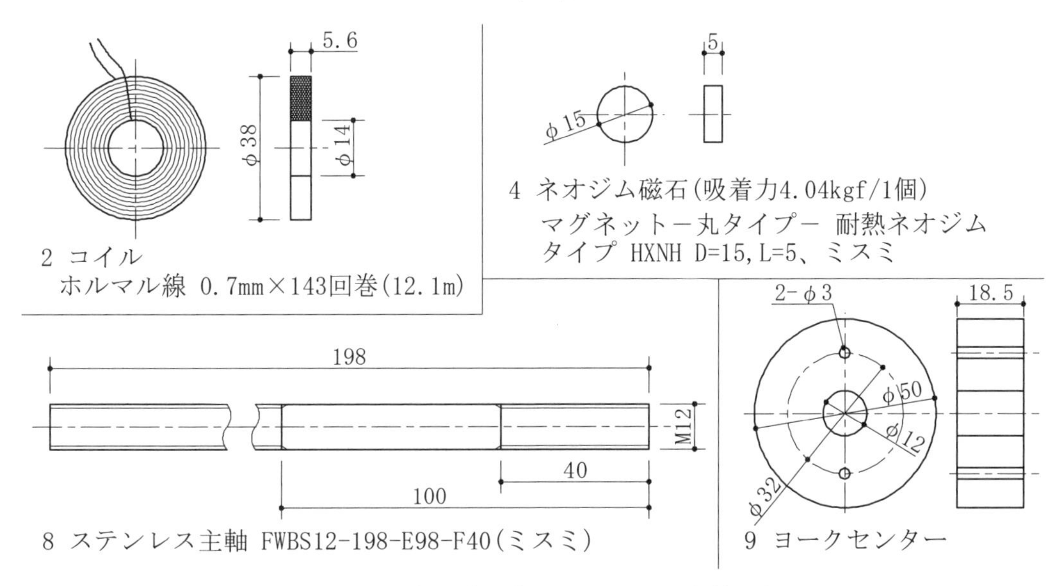

図 4-6 コイル、ネオジム磁石、ステンレス主軸、カラー

磁石位置決め板は、相手部品の磁石吸着鉄板とセットにしてφ15の穴にネオジム磁石を嵌め込み、回転させる部品ですので加工精度に留意して製作します。

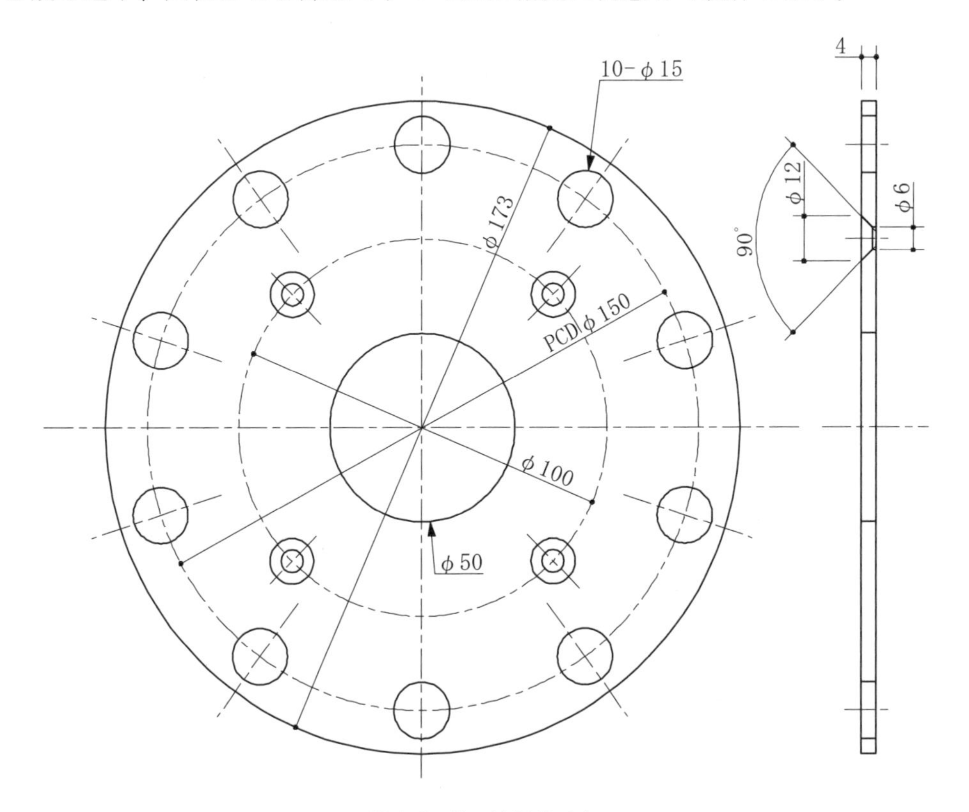

図 4-7 磁石位置決め板

磁石吸着鉄板(円形ヨーク)には吸着力4.04kgf/1個のネオジム磁石が片側に10個、両側で20個が張り付きますので合計吸着力が80.8kgfになり、組立時・分解時共に素手で組込みあるいは引き離すことができません。機械装置のギヤ、プーリあるいは軸受などを軸方向に引き抜くための専用工具 ギヤ プラー(Gear Puller)を使用します。㈱アーム産業(三条市笹岡)製のGP-75～GP-300が販売されています(写真4-1)。

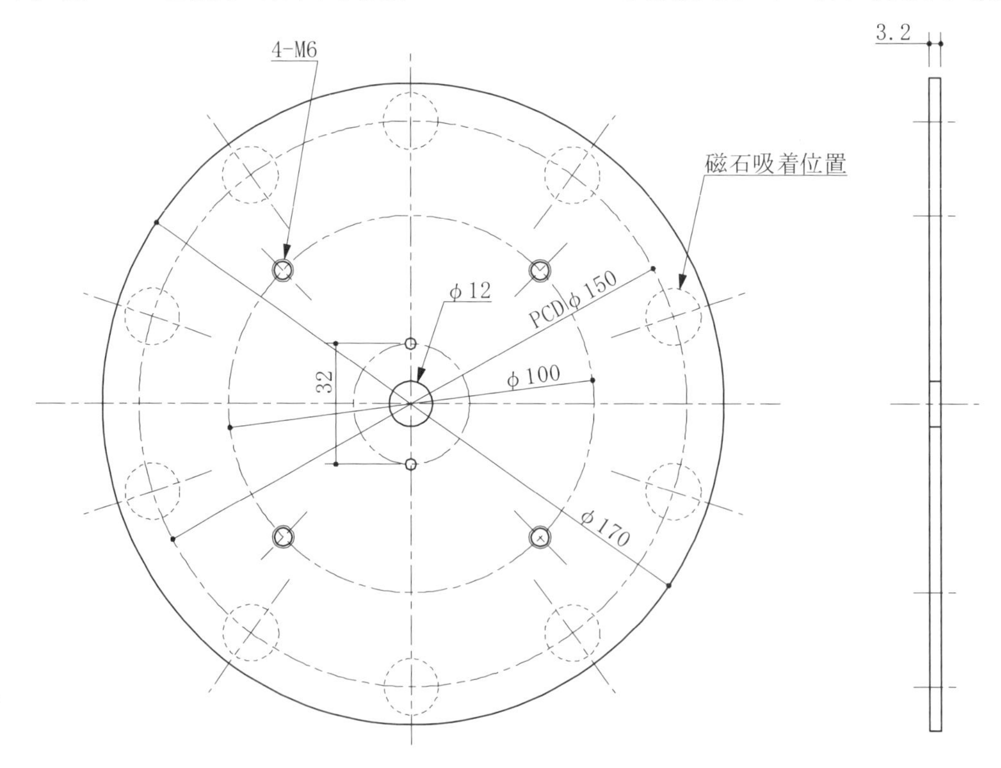

図4-8 磁石吸着鉄板

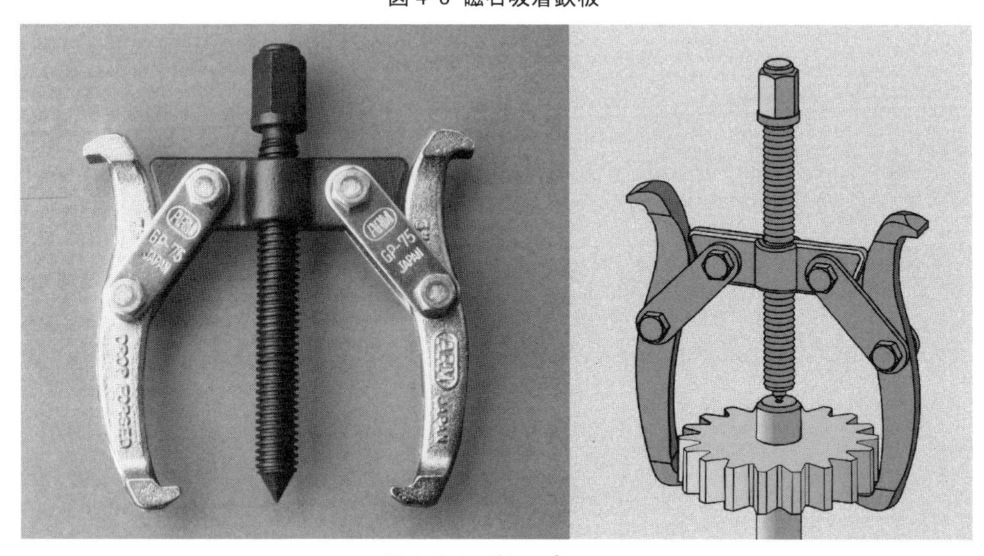

写真4-1 ギヤ プラー

支持板A(風上側)は、アルミ製の屋根板を取り付けるために天部を山形形状にし、側面が雨の滴に触れないように下萎みの形状にしてあります。ボールベアリング ユニットの取付ボルト穴が印籠穴と接するほど大きいので組立・分解時に欠損する可能性があります。低粘度の瞬間接着剤を浸透させて補強しておきます。

加工後に仮組立が済みましたら油性の耐水塗料で塗装します。屋根板および側板を取り付ける際にはシリコン系のコーキング剤(防水充填剤)を塗布します。

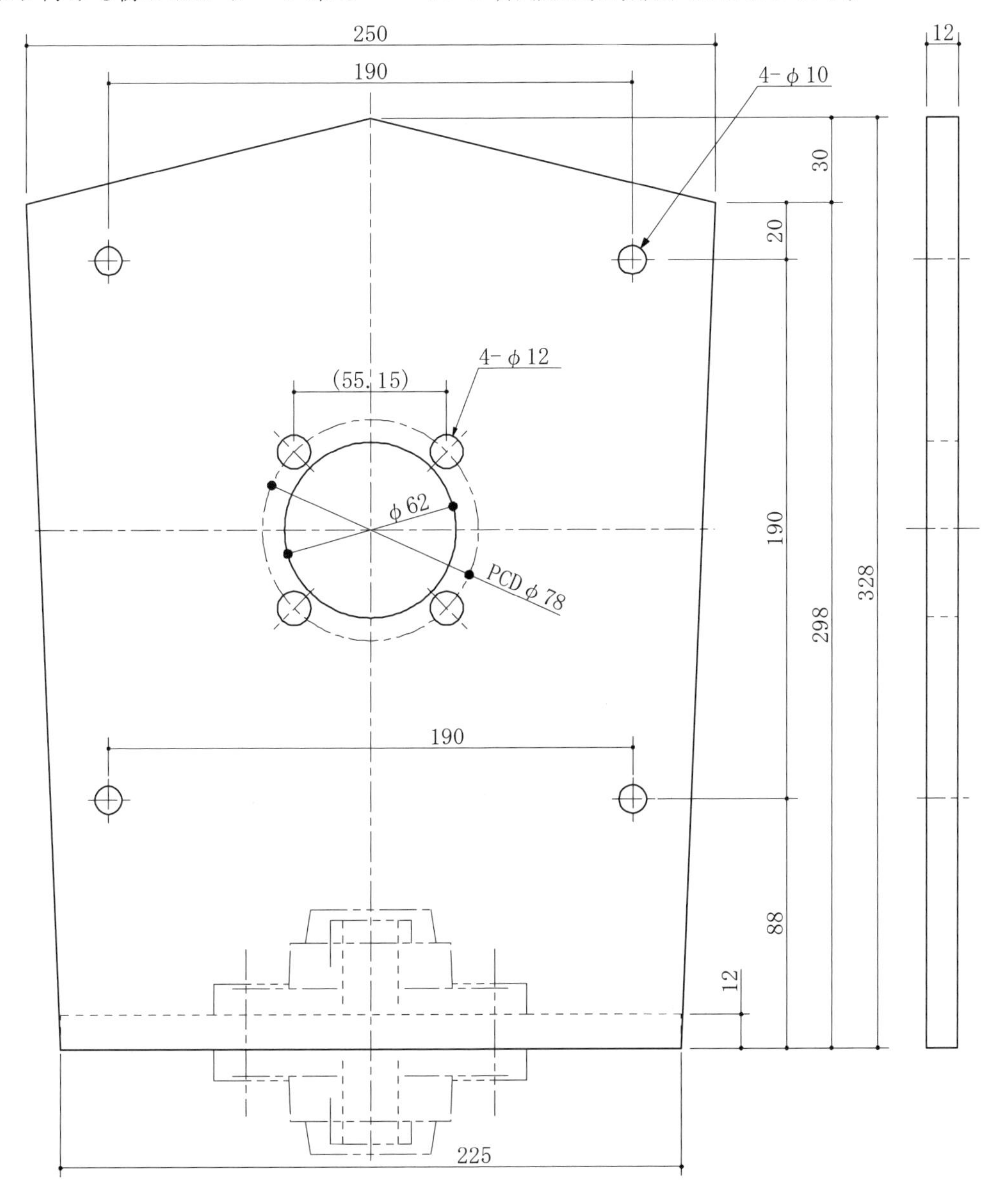

図 4-9 支持板A(風上側)

支持板Ｂ(風下側)も支持板Ａ(風上側)と同じような塗装・コーキングを施します。

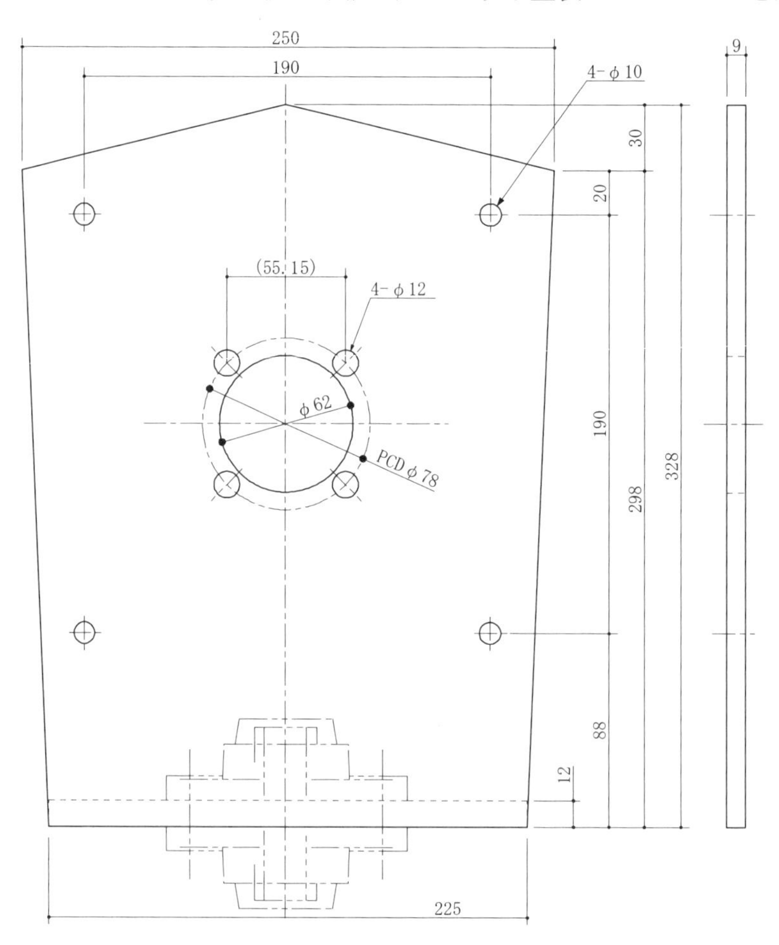

図 4-10 支持板Ｂ(風下側)

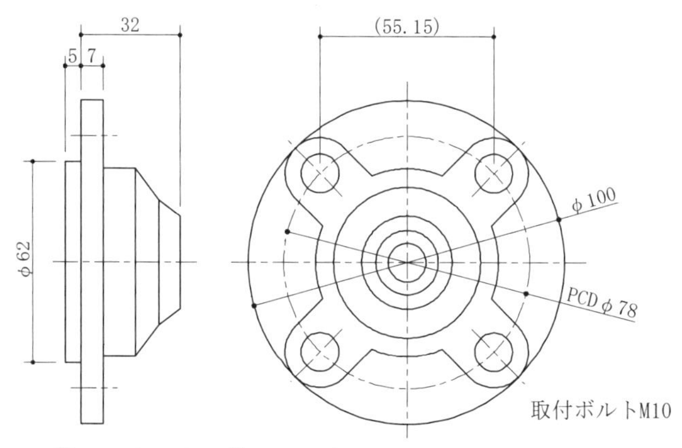

ボールベアリングユニット
印ろう付き 丸フランジ形 UCFC201C

図 4-11 ボールベアリング ユニット(両シールド形)

風車は風向きによって東西南北 360 度回転しますので、取付ポールの上部にはスリップ電極ユニットを製作して取付け、導線が絡まないようにします。スリップ電極に接触するカーボンブラシは、電動工具用の市販品を使用しています。

スリップ電極ユニットを取付・収納する部品は、適合するサイズの水道管用の塩ビパイプを利用しています。

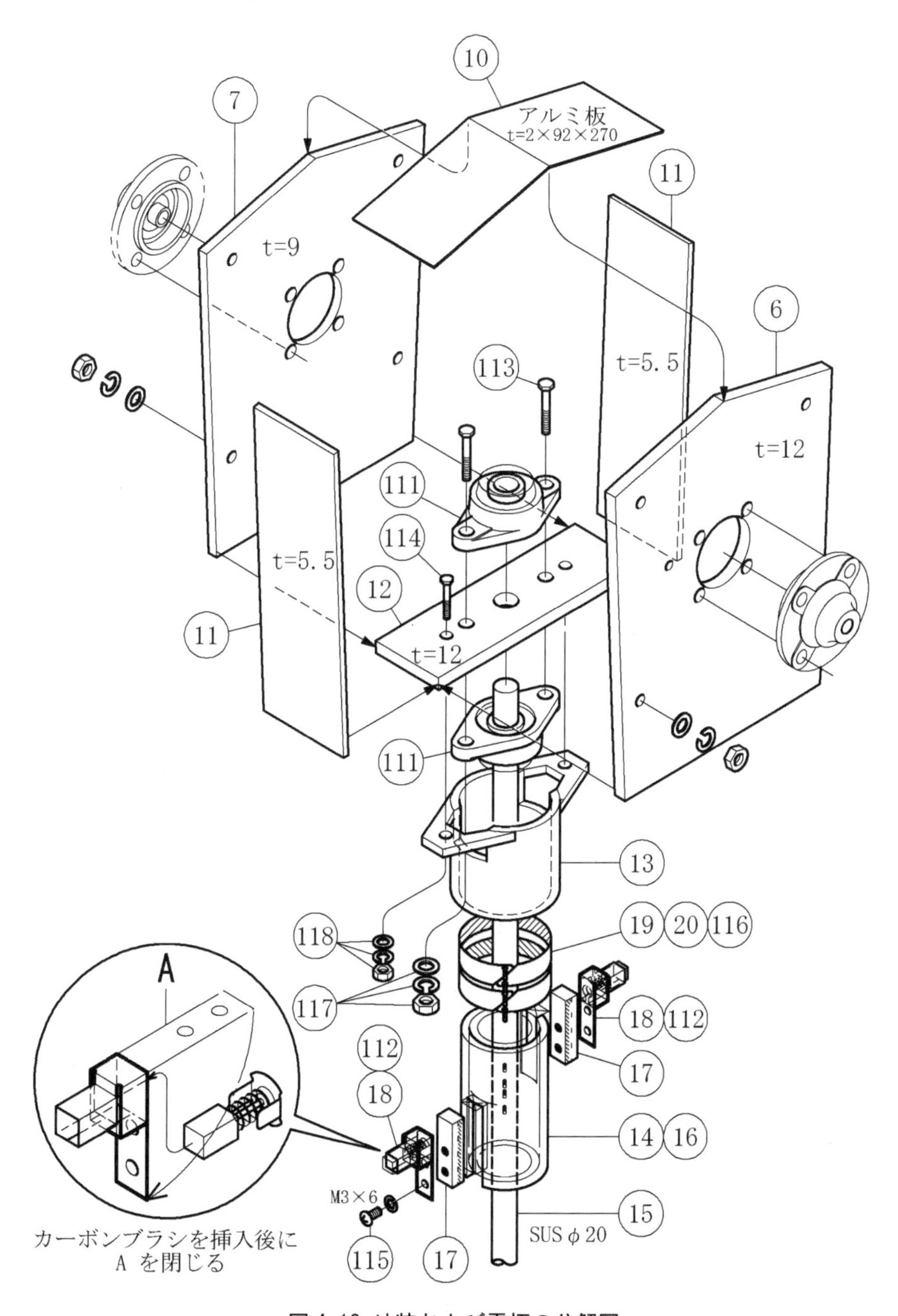

図 4-12 外装および電極の分解図

番号	部品名称	個数	材質、型式
6	支持板 A(風上側)	1	シナベニヤ板 t=12
7	支持板 B(風下側)	1	シナベニヤ板 t=9
10	天版(アルミ板)	1	t=2×92×270
11	側板	2	シナベニヤ板 t=5.5
12	底板	1	シナベニヤ板 t=12
13	スリップ電極筒	1	塩ビ管 VP75
14	ブラシサポート内筒	1	塩ビ管 VP20
15	支柱	1	SUS φ20丸棒
16	ブラシサポート外筒	1	塩ビ管 VP26
17	ブラシスペーサ	2	塩ビ板 t=6×8×28
18	ブラシホルダ	2	銅板 t=0.3
19	スリップ電極	2	銅板 t=0.3×20×258.6
20	銅リベットφ3×12	4	M3ねじ加工

番号	部品名称	個数	サイズ、型式
111	ボールベアリングユニット	1	UCFL204C
112	カーボンブラシ	2	CB-424 Makita
113	六角ボルト FW付き	2	M10×50
114	六角ボルト FW付き	2	M8×35
115	なべ小ねじ SW付き	4	M3×6
116	六角ナット SW,FW付き	4	M3
117	六角ナット SW,FW付き	2	M10
118	六角ナット SW,FW付き	2	M8
119	物干し竿支柱台座(約20kg)	1	コンクリート製
120	支柱固定用塩ビ管-1	2	VP26×100
121	支柱固定用塩ビ管-1	1	VP20×100

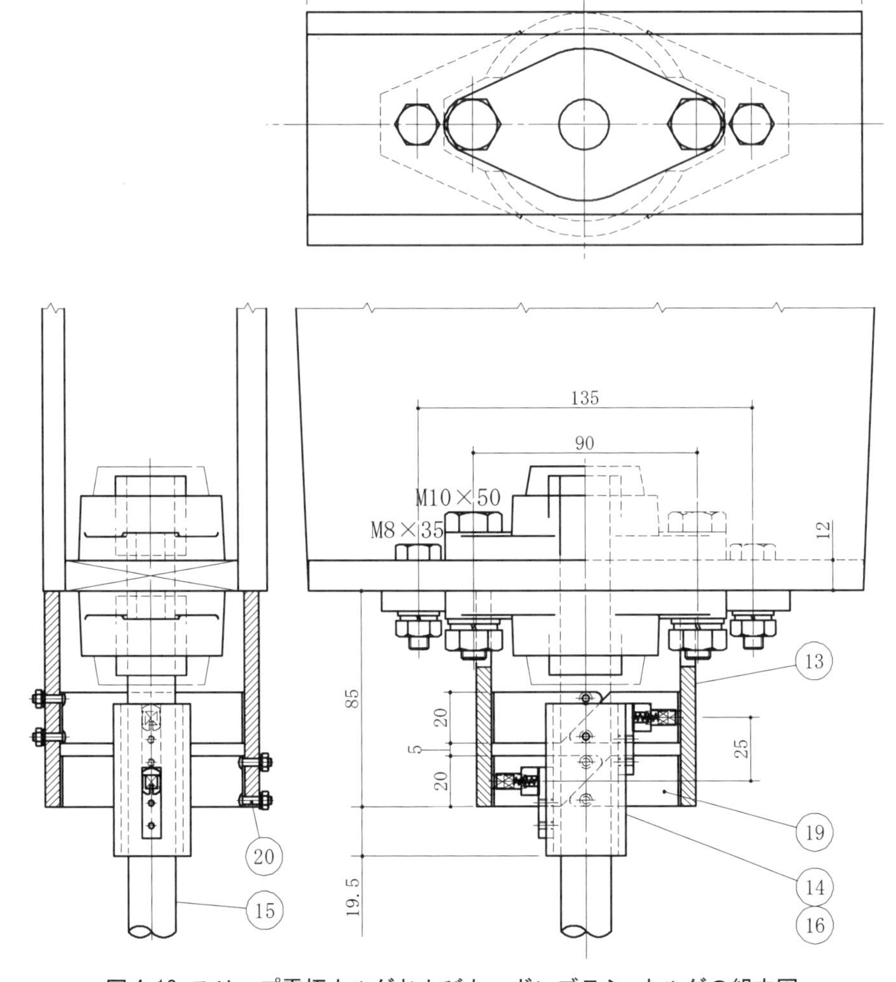

図 4-13 スリップ電極ホルダおよびカーボンブラシ ホルダの組立図

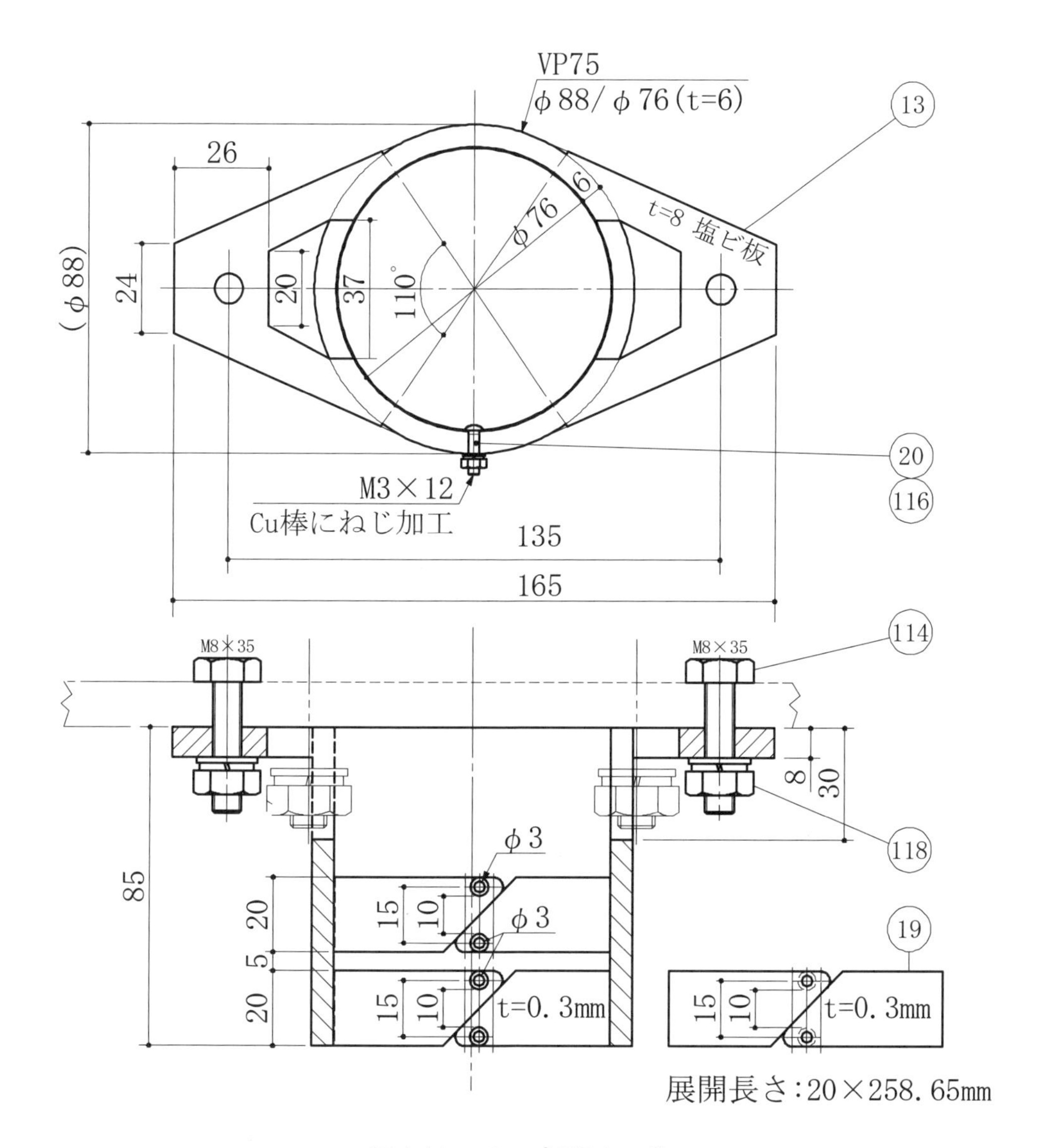

図 4-14 スリップ電極ホルダ

スリップ電極ホルダおよびカーボンブラシ ホルダは、偶々塩ビパイプ内に収納されていますので雨水が入り込まない構造になっていますが、ボールベアリング ユニット部と塩ビパイプ部の間に隙間がありますのでコーキング剤でシールする必要があります。

この部分は、風車に当たる風向きの変化で目まぐるしく微回転しますので銅板製のスリップ電極(厚み 0.3mm)が摩耗します。つまり、経年摩耗ですからメンテナンスが必要です。シリコン系コーキング剤を使用してメンテナンス時には分解できるようにします。強烈な接着力のエポキシ系接着剤の使用は禁物です。

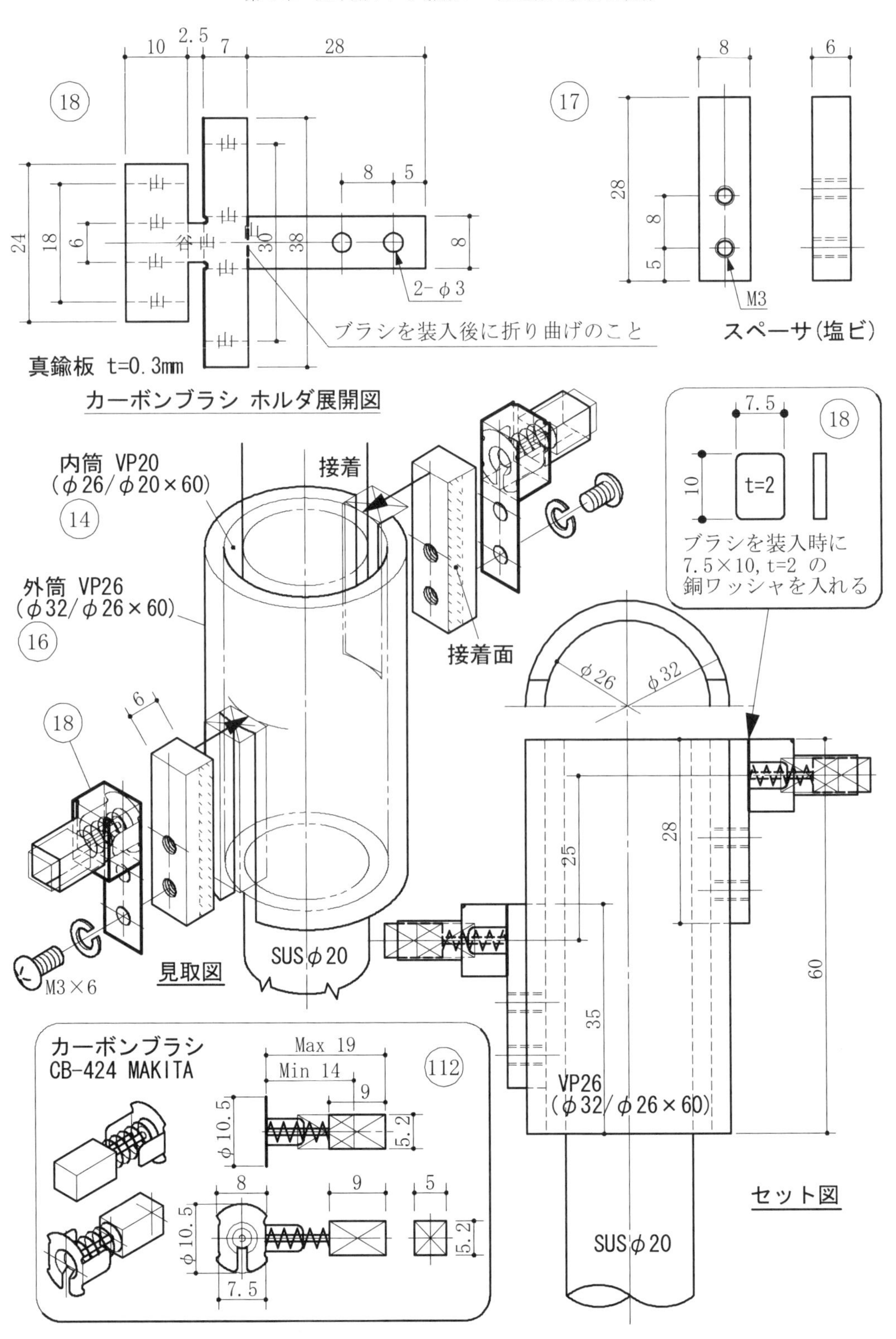

図 4-15 カーボンブラシ ホルダの詳細図

完成した機体は、コンクリート製の物干し竿支柱台座(重量:約 20kg)にステンレスパイプを立てて据え付け、2m 四方の地面四隅に杭を打ち込み、ステンレス線を張って支柱が風で倒れないようにします。

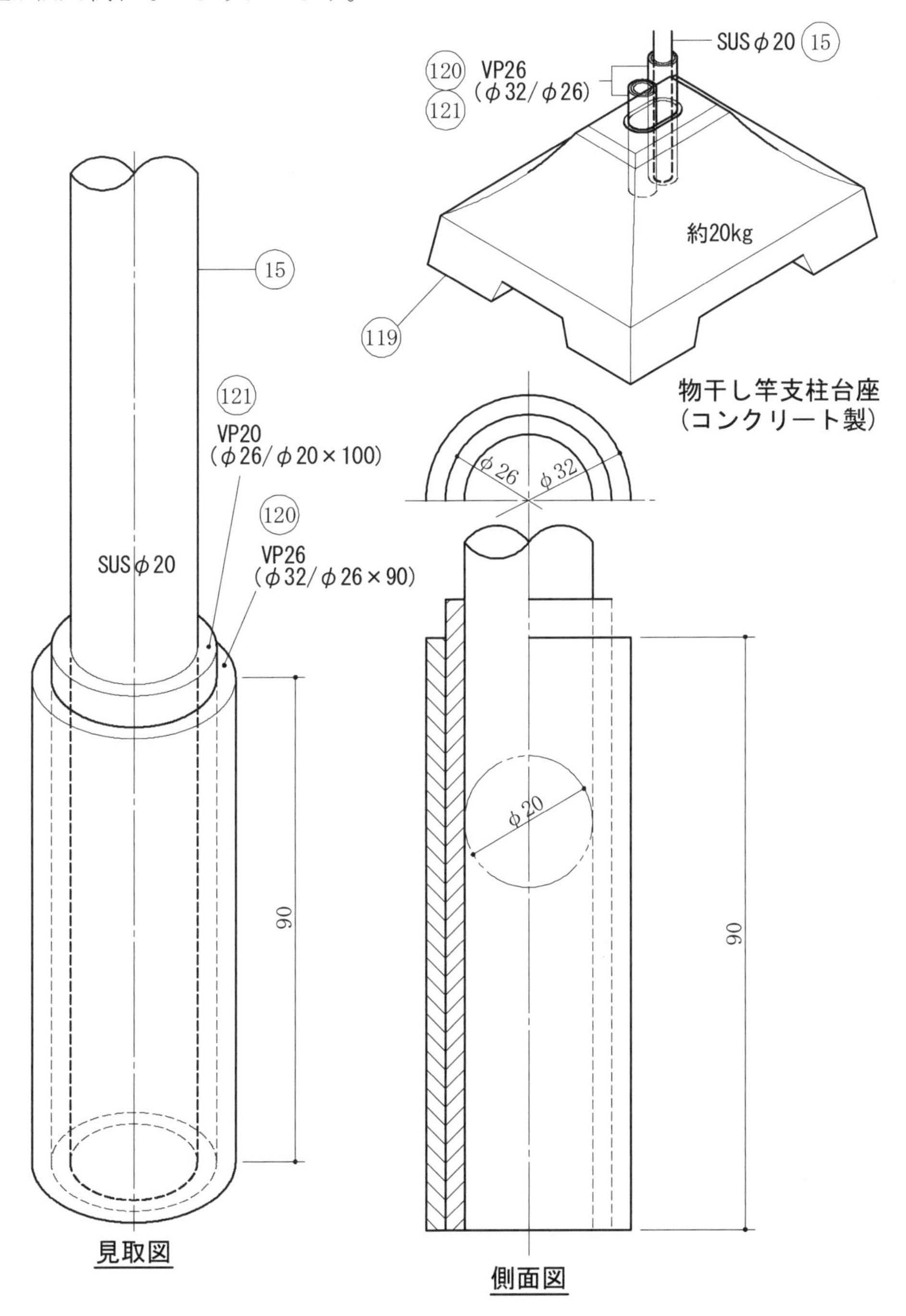

図 4-16 発電機据え付け支柱と台座

4.3 完成図

これまでに紹介してきました個々の製作用の図面からイラストを作成しました(図 4-17)。「木を見て、森を見る」ことで、前出の「**4.2 製作図**」でみてきました機器の全貌がハッキリすると思います。

発電しました電力は、「図 4-13 スリップ電極ホルダおよびカーボンブラシ ホルダの組立図」に図解しましたメカニズムによって、風向きが東西南北 360 度変化しても「電力取り出しコード」を引っかき回すことなく機能します。

「トルク脈動レス発電機」の発電電力は交流、しかも風の強弱で発電機の回転数が変わり、周波数が変動しますので一旦直流に変換してバッテリに蓄電して利用するのが得策です。「バッテリと電力変換装置」を収納した対候性のボックスは、このイラストには描いてありません。発電機の実物を製作して、その仕様が確定した時点で据え付けることになります。

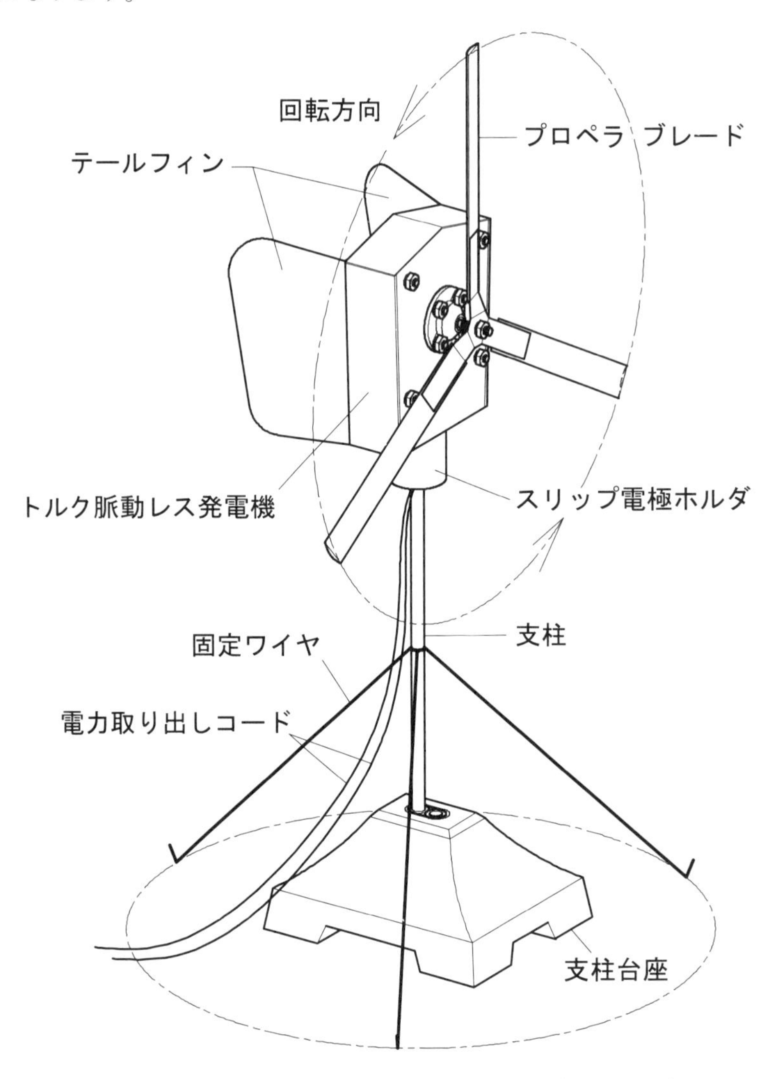

図 4-17 発電機の据え付け見取図(充電装置、バッテリは省略)

筆者が参考にしました「コアレス発電機の製作」(www3.kct.ne.jp/)の記事では、８極直列の６号機の性能として下表の仕様が紹介されています(表 4-1)。

表 4-1 ８極直列の６号機の性能

磁石：ネオジム磁石、直径ϕ22mm 厚さ10mm 8×2個(合計16個)
コイル：ϕ0.6mmフォルマル線　470回巻き８個を円周上に均等排列
直流抵抗：16Ω
回転数100rpm時で交流電圧15V、全波整流後21V

風力頼みの発電機ですから、ＤＣモータの高速回転で発電するテスト機に比べて回転数比で１／１０、全発電電圧が起電コイル１個分の AC17V を下回る性能です。

この第４章の「風車用トルク脈動レス発電機」は、2013 年 12 月 15 日に設計を済ませたものの実機の製作をしていませんので性能不詳です。

第２章の冒頭でＷｅｂサイトの「トルク脈動が無く滑らかに回転する発電機、称して**『コアレス発電機』**の記事を鵜呑み・受け売りにしてモノにならなかったとしたら大恥をかきます」として製作しました実験機、つまりダークホース(dark horse)が本命を制してしまった大荒れのレース(race)展開が第２章と第３章の記述になりました。

余談になりますが、第１章～第３章を書き終えた 2014 年２月 22 日に 2008 年 12 月 28 日から使用していましたパソコン「DELL Vostro 220」Desktop のハードディスクがクラッシュした事故がありました。それから二ヶ月後の 4 月 27 日に保存データの完全復元に成功しましたが、一時は始めから書き直しと覚悟を決めていました。

常々、作成したデータは、外付けハードディスク ドライブにバックアップデータとしてコピーしていたのですが、この本の作成データだけは偶々それをしていませんでした。復元費用 11,4000 円の出費は、パソコンの新規購入を含めて痛手でしたが、17 年間に渡って作成した大量のデータが失われずに復元できたのは幸いでした。

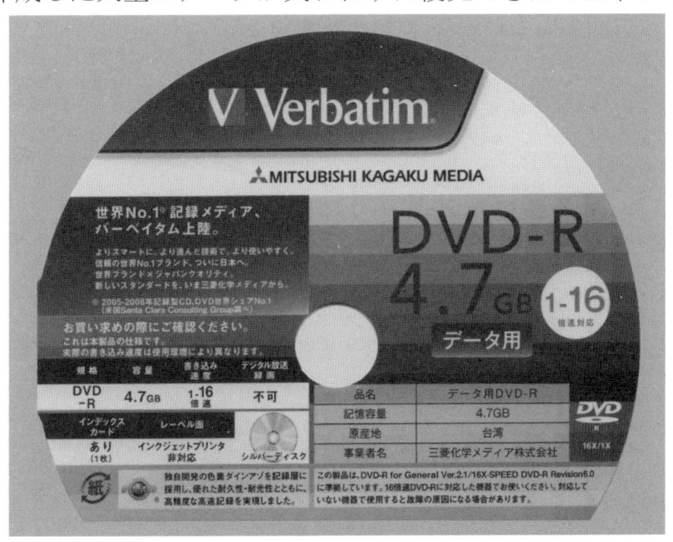

写真 4-2 大容量の DVD-R ディスク

データ復元を依頼しました家電量販店のパソコン クリニック コーナの担当者氏の曰わく、「**使用5年を超えると危険！**」でしたから、こまめに複数の外付けハードディスク ドライブや大容量記録媒体にバックアップしておくのが得策です(写真 4-2)。

記録媒体の CD-R や DVD-R へのバックアップは、レコーダ ソフトを立ち上げてコピーしなければなりませんが、USB ポートに差し込むだけで手軽に「書き込み＆消去」ができる USB メモリ(4～64GB)に記録し、データがある程度貯まってから大容量の外付けハードディスク ドライブに移す方法もあります(写真 4-3)。

写真 4-3 USB メモリ

2014 年時点で USB メモリの記憶容量は、64GB もの大容量の製品があり、前出の DVD-R ディスクの 13.6 倍もの巨大記憶容量ですので一時期のハードディスク ドライブを凌ぐ驚愕の性能です。

文　献

・ダイオード規格表[2013/2014 最新版＋復刻版 CD-ROM] 時田元昭編著 ＣＱ出版
2013 年 3 月 15 日
・MISUMI FA メカニカル標準部品 2012 年度版カタログ
・史上最大のボロ儲け グレゴリー・ザッカーマン著/山田美明訳
阪急コミュニケーションズ 2011 年 1 月 27 日
・絵ときでわかる 電気電子計測 高橋寛監修/熊谷文宏著 オーム社 2007 年 2 月 20 日
・定電圧電源もの知り百科 丹羽一夫著 電波新聞社 2006 年 8 月 10 日
・今がわかる 時代がわかる 2006 年版 世界地図 成美堂出版 2006 年 1 月 10 日
・希土類永久磁石 俵好夫/大橋健共著 森北出版 2005 年 10 月 1 日
・やさしい電源の作り方 西田和明/矢野勳共著 東京電機大学出版局 2002 年 1 月 20 日
・改訂 やすり読本 苅り山信行著 自費出版 2001 年 11 月 3 日
・あっ、発明しちゃった アイラ フレイトウ著/西尾操子訳 アスキー1998 年 2 月 10 日
・電磁気学の ABC 福島肇著 講談社ブルーバックス 1995 年 4 月 24 日
・入門エレクトロニクス 5 半導体の脇役たち抵抗・コンデンサ・コイル 田嶋一作著
誠文堂新光社 1995 年 4 月 10 日
・絵とき 電気回路 岩沢孝治/中村政壽共著 オーム社 1994 年 8 月 30 日
・入門エレクトロニクス 6 出口のあるねずみとりダイオード 橘瑞穂著
誠文堂新光社 1994 年 8 月 25 日
・絵とき 初めて電気回路を学ぶ人のために 梅木一良/長谷川文敏/坂藤由雄共著 オーム社
1994 年 7 月 20 日
・入門エレクトロニクス 10 エレクトロニクスを支える半導体の仲間たち 泉弘志著
誠文堂新光社 1994 年 7 月 8 日
・インバータ しくみと使い方のコツ 常広譲/松本圭二共著 電気書院 1992 年 6 月 25 日
・モーターを創る 見城尚志/加藤肇共著 講談社ブルーバックス 1992 年 3 月 20 日
・電気に強くなる 橋本尚著 講談社ブルーバックス 1992 年 1 月 10 日
・モーターの ABC 見城尚志著 講談社ブルーバックス 1991 年 12 月 10 日
・磁石のナゾを解く 中村弘著 講談社ブルーバックス 1991 年 1 月 20 日
・世界史新地図　亀井高孝/三上次男/堀米庸三編 吉川弘文館　1986 年 4 月 1 日
・家庭機械・電気 池本洋一/財満鎮雄共著 理工学社 1973 年 2 月 28 日

【半導体データシート】
・LM338 5A 電圧可変型レギュレータ ナショナル セミコンダクター ジャパン㈱ 1998 年 5 月
・シリコン三重拡散形トランジスタ 2SC5200 東芝 2010 年 11 月 2 日

あ と が き

筆者の著作「**科学という名の嘘と迷信**」は、2009 年 4 月 20 日に脱稿し、次の 6 項目を実に簡単な手法で実験してそれらの真偽を検証し、その理論を分かり易く開示しています。

＊＊＊＊＊＊＊＊＊＊＊＊＊＊＊＊

1) 「ベルヌーイの定理」のウソ―騙され続けて 271 年―

2) ガリレオの「落体の法則」のウソ―「アルキメデスの原理」および「重力質量＝慣性質量」の等価原理が脱落の手抜かり―

3) 「トリチェリの定理」の手抜かり―「トリチェリの定理」の不完全理論の元凶はガリレオの「落体の法則」

4) クッタ＝ジュコフスキーの仮説のウソ

5) 可変斜め翼機の大失敗―NASA の技術と科学の溝―

6) 番外編　蘊蓄放談「エネルギ保存の法則」は成り立つか?

＊＊＊＊＊＊＊＊＊＊＊＊＊＊＊＊

その内の 4)は、日本の航空業界や航空運輸を取り仕切っている国家機関の国土交通省、米国航空宇宙局(NASA)、更には国土交通省肝いりの下部外部組織までもが真っ当な学説として奉っている「迷信とオカルトの世界」の不思議なのですが、最近になってそれら航空関係者も薄々気付いたらしく声高に発言されなくなりました。しかし、関係者らの著作には残っていますので撤回を余儀なくされるでしょう。

飛行機物語 鈴木真二著 中公新書、翼のはなし 前田弘著 養賢堂、機械系基礎工学 3 流体力学 東昭著 朝倉書店、航空を科学する 上巻 東 昭著 酣燈社、日経トレンディ 2004 年 5 月号 p.15、航空技術 No.598〔05-01〕飛行機の翼、昆虫の羽(前編) 河内啓二講演の記事 (社団法人)日本航空技術協会、飛行機はなぜ飛ぶか―空気力学の眼より 近藤次郎著 講談社ブルーバックスおよび 飛ぶ―そのしくみと流体力学　飯田誠一著 オーム社などの著作です。

また、5)は、NASA がまことしやかなメリットを唱えて実験機を飛ばしました。しかし、あまりにもバカバカしい実験、実用化不可能に気付いたらしく、突然開発がキャンセルされてしまいました。恥ずかしくて口に出したくないに違いなく「そんなことありましたっけ？」とすっとぼけて逃げの一手、NASA の歴史から削除されるでしょう。

1)、2)、3)および 6)は、多くの学者が 21 世紀の今日になっても正論として信じ続けていますので、何時になったらその「ウソに気付くか」が現状です。

人知の至らなさは上記の事柄に限らず、

1) 太陽系の天体は 46 億年もの大昔から太陽の周囲を回り続けているのは何故か、

2) 金属の塊をハンマーで叩くと熱くなるが、地球の内部の物質は重力で押しつぶされて発熱しているのか、

3) 地球を取り巻く大気中の大部分の窒素ガスはどのようにして発生したのか、

4) 太陽の重力 274.0m/s^{2}は地球の 9.8m/s^{2}の 27.90 倍とされているが、太陽の周囲にガスがあったとすれば巨大な重力で引きつけられていて薄っぺらだろうし、その存在は解明できるのか、

5) 人間が磁力を知ったのは磁鉄鉱が鉄を引きつける現象に気付いてから、磁力を利用して発電することを知ったが、その磁力はどうして誕生し・存在するのか、
6) 「永久機関は不可能」との説は、本当に証明できているのか、
・・・・などが考えられますし、誰もその解答を出していません。

6)は、この本のテーマ「**トルク脈動レス発電機による永久発電・電力システム**」を小遣い銭の予算で拵えられる簡単なテスト機を使用して実験することで証明し、「永久機関は不可能説」は覆ると書きました。

「**トルク脈動レス発電機による永久発電・電力システム**」における「永久機関サイクル」の各パートが自然現象不可避の損失によって漸次減衰しても、サイクルスタートのＤＣモータに給電した電気エネルギが永久磁石の磁気エネルギで補充・補完されて回復するからです。

これに対して、内燃機関を搭載した自動車の電力システムでは、発電した電力をバッテリに充電しても「**バッテリの電力≠内燃機関の動力**」であり、内燃機関の動力にバッテリの電力は代替不可能ですから「電力サイクル」がサイクル途中で切れてしまい完結しません。

「人知の至らなさ」の例には、拙著「**科学という名の嘘と迷信**」を端からバカにしていて取り合おうとしない人々の行為にもみられます。国立□○大学名誉教授、同教授、同大学院教授など高学歴の人々なのに肩書きのプライドが邪魔していて謙虚になれないのでしょう。

これらの人々は在学中に教わった知識を金科玉条として奉り、それを受け売りしていて、昔に唱えられた「定理や法則」を自分自身で追試して確かめていないのが実情であり、それらが間違った定理・法則であれば師の教えもしかり、「親亀転ければ子亀も転ける」の体たらくです。

横書き文字の「プライド」が高いは、日本語の「高慢」であり、往々にして「唯我独尊のうぬぼれ」に通じ、金科玉条としていた知識が錯誤だったなら「高慢と偏見」のサンプルです。

科学の理屈は常に暫定的なものであり、絶対の真理ではありません。科学の理屈が現象によって検定されなければ反故にされます。「永久機関は不可能」の説は、実験によって検定されていません。

2014 年 10 月 31 日
著者

お　知　ら　せ

この本の図版はモノクロですが、全６章構成(B5 判、165 ページ)のオリジナル原稿では写真・イラスト・図面共にほとんどがカラーです。また、本文もページによっては「朱書き」・「紺書き」にして読みやすくしてあります。ワープロソフト Word で作成し、CD-R ディスクに収録してあります。

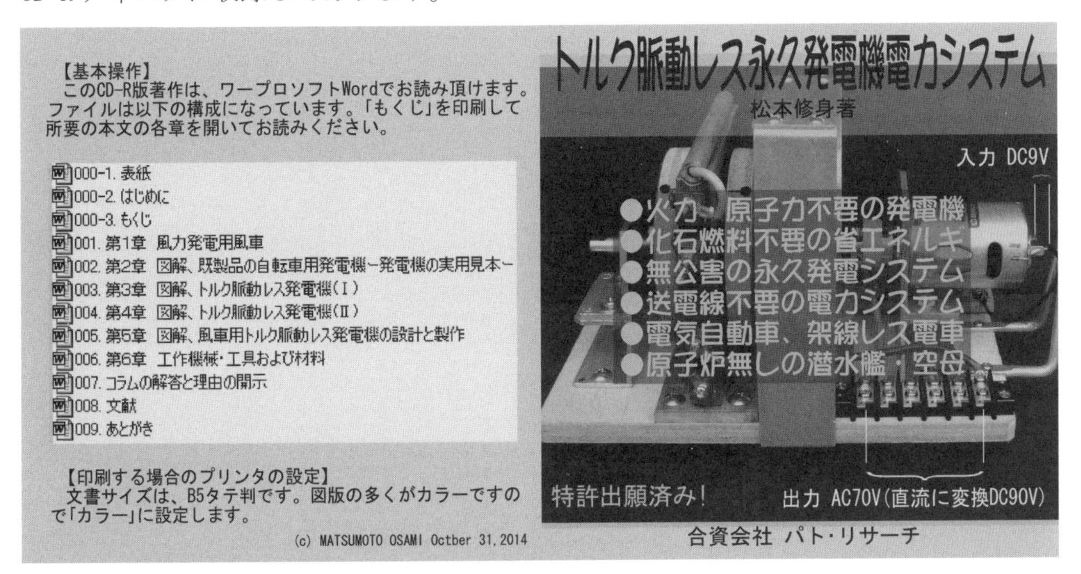

全６章構成オリジナル原稿のＣＤケース

ご希望の方には有料でお分け致します。代金および送料の合計金額を現金書留で下記宛にお申し込みください。お申し込みのお客様に筆者から直接お届け致します。

＊＊＊＊＊＊＊＊＊＊＊＊＊＊＊

★ CD-R 版「トルク脈動レス永久発電機電力システム」頒布価：1,080 円(消費税込み)
★ 郵便局のレターパック送料：360 円

合計　1,440 円

CD-R 版「トルク脈動レス永久発電機電力システム」の申込先

〒 299-3223
千葉県大網白里市南横川 176 番 7
松　本　修　身
電話 0475(73)6308

《著者略歴》

松本　修身（まつもと　おさみ）

1958年　福島県立平工業高等学校機械科卒業

1962年　武蔵野美術学校中退

1968年　青山学院大学第二文学部英米文学科中退

1976年　日本工業イラスト㈱設立，代表取締役社長

1998年～合資会社 パト・リサーチ社長

◆　機械設計技師／テクニカル ライタ／イラストレータ（1級テクニカルイラストレーション技能士）／厚生労働省所管 職業訓練指導員（機械科）

【著　書】

ねじの基礎と製図〔ねじ・座金・止め輪〕パワー社 2009年，「竹とんぼ・作り方/飛ばし方のコツ」パワー社 2007年，「作ろう・飛ばそう 竹とんぼ」パワー社 2005年，「風車・プロペラの秘密(1)，(2)」パワー社 2004，「実戦CADイラスト」理工学社 2000年，「アベコベ文化論」学生社 1992年，「テクニカル イラストレーション」ダヴィド社 1966年。

トルク脈動レス永久発電機　電力システムを考える

定価はカバーに表示してあります

2015年1月20日　印　刷

2015年1月31日　発　行

発行者　原田　守

印刷所　新灯印刷(株)

製本所　秋山製本所

検印省略

発行所

株式会社 パワー社

〒171-0051 東京都豊島区長崎 3-29-2

振替口座 00130-0-164767番

TEL 東京 03(3972)6811

FAX 東京 03(3972)6835

Printed in Japan

ISBN978-4-8277-1294-0 ⑳